I0068914

DES CARACTERES

EXTERIEURS

DES MINÉRAUX.

DES CARACTERES

EXTERIEURS

DES MINÉRAUX,

OU

REPONSE A CETTE QUESTION:

Existe-t-il dans les Substances du Règne Minéral des Caractères qu'on puisse regarder comme spécifiques; & au cas qu'il en existe, quels sont ces Caractères?

Avec un apperçu des différens Systémes lithologiques qui ont paru depuis BROMEL jusqu'à présent.

SUIVI

De deux Tableaux synoptiques des Substances pierreuses et métalliques, pour servir de suite à la CRISTALLOGRAPHIE.

Par M. DE ROMÉ DE L'ISLE, des Académies Royales des Sciences de Berlin, Stockholm, etc.

A PARIS,

Chez {
l'AUTEUR, rue neuve des Bons Enfans, n°. 10.
DIDOT jeune, Imprimeur-Libraire, quai des Augustins.
BARROIS le jeune, Libraire, rue du Hurepoix.

M. DCC. LXXXIV.

AVEC APPROBATION, ET PRIVILEGE DU ROI.

DES CARACTÈRES

EXTÉRIEURS

DES MINÉRAUX;

OU

Réponse à cette question : *Existe-t-il dans les substances du règne minéral des caractères qu'on puisse regarder comme spécifiques (1) ; & au cas qu'il en existe, quels sont ces caractères ?*

Tous les corps qui se présentent à la surface, ou qui composent la partie solide du globe que nous habitons, viennent se

---

(1) Un Professeur d'Histoire Naturelle , justement célèbre par ses profonde· connoissances en anatomie,

A

ranger fous trois grandes claffes auxquelles on a donné les noms de REGNE ANIMAL, REGNE VÉGÉTAL, & REGNE MINÉRAL.

Les deux premières de ces grandes divifions renferment les fubftances pourvues d'organes propres à fe développer par intuffufception, & ces organes non développés réfident dans des GERMES où la main de l'Éternel a imprimé le caractère propre à chaque efpèce.

---

répète tous les jours à fes éleves, « qu'IL N'Y A POINT « D'INDIVIDUS, et par conféquent POINT D'ESPECES, « parmi les minéraux, mais feulement des variétés dont « la collection peut compofer différentes SORTES de « minéraux. » Ces affertions ont déjà paffé dans quelques traités élémentaires de Minéralogie, & méritoient d'autant mieux d'être approfondies, qu'elles fervent de bafe à une *Diftribution méthodique des Minéraux*, qui de toutes celles qui ont pour bafe les caractères extérieurs de ces fubftances, eft, dit-on, « la plus « parfaite, la plus aifée à entendre & à faifir, *celle* « *qui femble fe rapprocher le plus de la nature*; en « un mot, celle qui doit être adoptée & préférée par « tout Naturalifte qui veut connoître parfaitement les « corps du règne minéral, fans remonter jufqu'à leurs principes conftituans. » *Introduction au Manuel du Minéralogifte, par M. Mongez le jeune, p. lxxx.*

Il n'en est pas ainsi dans le règne minéral. Les *sels*, les *pierres*, de même que
les *sub-stances inflammables* & *métalliques*,
n'ont rien qui puisse offrir l'idée de germes,
ni celle d'organes intérieurs. Tous les produits de ce règne sont au contraire le ré-
sultat du rapprochement & de la combinaison de molécules élémentaires dont la
tendance à l'union est d'autant plus forte,
que ces molécules sont plus simples &
plus atténuées.

Mais comme dans la plupart des composés & des surcomposés, ces molécules
admettent dans leurs interstices des molécules d'un autre genre, souvent très-
différentes entr'elles, il sembleroit au
premier coup-d'œil que, dans le règne
minéral, il existe une espèce de confusion,
de mélange de principes qui s'oppose à
l'établissement d'une méthode fondée sur
des caractères constans, invariables & véritablement distinctifs.

Examinons cependant si ce mélange,
cette confusion de principes, sont tels qu'il
faille absolument renoncer à connoître & à

distinguer les substances dont nous parlons, autrement que par l'analyse ou la désunion de leurs principes constituans, soit par la voie humide, soit par la voie sèche.

D'abord on conviendra sans peine que s'il existe des substances très-mélangées dans le règne minéral, toutes ne le sont point au même dégré, & qu'il en est même de parfaitement *homogènes*, c'est-à-dire, qui sont exemptes de toute combinaison étrangère à celle qui les constitue ce qu'elles sont.

Or s'il est des caractères qu'on puisse regarder comme distinctifs dans le règne minéral, ce sont incontestablement ceux qui appartiennent aux substances homogènes, puisque les Propriétés d'une telle substance ne sont point altérées ni modifiées par la présence d'aucune autre substance étrangère à sa composition.

On sent qu'il n'est point ici question des propriétés qui appartiennent à la matière en général, telles que l'*étendue*, la *mobilité*, l'*impénétrabilité*, la *pesanteur absolue*, &c. mais seulement de celles de ces propriétés qui tiennent à la phyfique particulière, & dont l'exiſtence n'a de durée dans les corps qu'autant que leur combinaiſon fub-ſiſte : telles ſont la *forme extérieure*, la *peſanteur relative* ou *ſpécifique*, la *dureté*, la *tranſparence* ou l'*opacité*, la *ſaveur*, l'*odeur*, la *couleur*, &c.

Ces différentes propriétés ne ſont pas également eſſentielles à tous les corps du règne minéral : la *ſaveur*, par exemple, convient particuliérement aux ſubſtances ſalines rendues ſolubles par l'eau qui eſt entrée dans leur compoſition ; l'*odeur* ap-partient davantage aux ſubſtances inflam-mables, & la *couleur* aux matières mé-talliques ou phlogiſtiquées. Ces dernières ſont communément *opaques*, tandis que les ſels & les pierres ſont preſque toujours *diaphanes* dans leur état d'homogénéité parfaite.

Mais comme il y a des pierres *opaques* & *colorées*, des ſubſtances ſalines inſolubles & conféquemment ſans *ſaveur*, des mi-néraux *diaphanes* & ſans *couleur*, il eſt évident que les caractères tirés de ces dernières propriétés , ne font ni affez tranchans , ni affez univerfels pour mériter d'être indiqués comme primitifs & vraiment diftinctifs dans la plupart des fubftances qui nous les offrent.

On n'en peut pas dire autant des caractères tirés de la *forme* , de la *pefanteur* & de la *dureté* fpécifiques ; ces propriétés convenant, fans exception, à toutes les fubftances falines , pierreufes , inflammables & métalliques , font très-certainement le réfultat le plus immédiat de cette grande loi de la Nature , en vertu de laquelle les principes élémentaires , tout hétérogènes qu'ils font entr'eux , tendent à s'unir & à fe combiner pour former des *Mixtes* , des *Compofés* & même des *Surcompofés* différens , fuivant la nature , le nombre & la proportion des principes qui concourent à cette formation.

J'ai démontré dans l'introduction que j'ai mife à la tête de ma Criftallographie , que tous les Compofés & Surcompofés du règne minéral, malgré l'hétérogénéité des principes qui les conftituent , ont avec leurs congénères l'*homogénéité* qui réfulte d'une même combinaifon, d'une même denfité, d'une même configuration. S'il arrive, par exemple, qu'un nombre plus ou moins grand de différens fels, de différentes pierres, de différentes fubftances métalliques, fe trouvent, à l'aide d'un ou de plufieurs intermèdes, en diffolution dans un même fluide, leurs molécules tendront généralement à s'agréger, à fe réunir chacune à celle qui lui eft homogène (1); & felon les divers dégrés

---

(1) M. Pelletier, l'un des Chimiftes françois qui a fuivi de plus près les phénomènes de la criftallifation des fubftances falines, nous fait obferver dans un Mémoire qu'il vient de publier fur *La Criftallifation des Sels déliquefcens*, qu'il y a non-feulement une attraction confidérable des molécules falines fimilaires, mais que cette attraction eft même fi forte qu'une molécule faline peut déplacer un corps pour aller s'unir à une autre molécule faline de la même efpèce. » Voici, « dit-il, un fait que j'ai obfervé. J'avois mis dans « une diffolution d'alun de l'argile détrempée ; ayant « abandonné ce mélange à une évaporation infenfible, « & ayant décanté la liqueur, je fus furpris de ne « point voir des criftaux. Le vaiffeau fut encore aban- « donné, & l'argile peu à peu s'y deffécha ; ayant

d'affinité (1) qu'elles auront avec le dif-
folvant commun, elles formeront plus ou

« alors coupé par morceaux cette argile, je trouvai
« dans l'intérieur des criftaux d'alun très-gros & très-
« réguliers. Les uns étoient tranfparens, d'autres con-
« tenoient des molécules d'argile affez groffes. Ces
« criftaux d'alun n'ont pu fe former qu'en déplaçant
« les molécules d'argile qui devoient fe toucher, puif-
« qu'elles étoient dans un état de fluidité, & certai-
« nement il n'y avoit point entr'elles un intervalle
« de la groffeur d'un pois, qu'avoient les criftaux
« d'alun. Il y a donc, dans la criftallifation, une at-
« traction de molécules affez forte pour déplacer les
« corps qui fe trouvent à leur rencontre. Quand au
« contraire la force n'eft pas affez grande, alors le
« criftal fe forme, & le corps étranger fe trouve dans
« l'intérieur du criftal. Ce phénomène nous donne une
« idée de la manière dont fe font formés les criftaux
« gypfeux, qu'on trouve dans les couches d'argile,
« tels qu'on les rencontre aux environs de Paris. Il
« eft à préfumer que l'argile fe trouvoit délayée dans
« une eau féléniteufe, & que les criftaux s'y font
« formés par l'évaporation de l'eau qui tenoit la fé-
« lénite en diffolution. » Journal de Phyfique, fep-
tembre 1784, p. 213.

(1) Ce font ces divers dégrés d'affinité que le célèbre Bergman a défignés fous le nom d'*attractions
électives*, & dont il a préfenté l'intéreffant tableau
dans une differtation très-favante fur ces fortes d'attractions. Dire qu'elles font *électives* ou qu'elles agiffent

moins rapidement des masses cristallines particulières, qui se précipiteront succesivement, à mesure qu'elles cesseront d'être équipondérables avec le fluide, de manière que chaque espèce de *sel*, de *pierre*, ou de *minéral*, sera *très-distincte de celle qui lui est hétérogène*. Delà ces masses mélangées de différens cristaux, souvent contenus les uns dans les autres, & que la Nature nous présente, depuis la simple géode & les groupes de toute espèce qui tapissent les cavités des filons, jusqu'à ces énormes masses granitiques qui servent de base à nos continens (1).

Les corps homogènes de la même espèce feront donc ceux *qui admettront dans leur composition non-seulement les mêmes principes constituans, mais encore une quan-*

---

d'après les forces & les figures des molécules élémentaires dissoutes, n'est-ce pas dire que les lois de ces attractions particulières ne peuvent se concilier avec les lois de l'attraction prétendue universelle, qui selon le grand Newton, n'agit qu'en raison directe des masses & inverse du quarré des distances?

(1) Cristallogr. Introd. p. 38 & suiv.

tité déterminée de ces mêmes principes. D'où
réfulte, 1°. une forme criftalline particulière avec certains angles déterminés,
conftamment les mêmes dans chaque efpèce; 2°. une pefanteur ou gravité fpécifique proportionnée au nombre & à la
nature des principes qui font entrés dans
le compofé ; 3°. une dureté également
proportionnelle à l'intimité du contact &
à l'affinité plus ou moins grande qu'ont
entr'elles les molécules intégrantes de ce
compofé.

Ces trois propriétés, étant le réfultat
néceffaire de telle ou telle combinaifon,
feront en conféquence invariables & conf-
tantes *dans tous les corps homogènes de la
même efpèce ;* elles peuvent & doivent donc
fervir à les caractérifer, dans les cas même
où nous ignorerions la nature, le nombre
& les proportions des principes conftituans
de ces mêmes corps.

Quelles font donc les raifons qui peuvent
empêcher d'admettre ces caractères comme
fpécifiques & véritablement *diftinctifs,* s'il
eft vrai qu'ils appartiennent à tous les

individus homogènes de la même espèce?
» C'est, dit-on, qu'ils ne sont point ex-
» clusifs, la même forme cristalline, par
» exemple, pouvant appartenir à des
» substances très-différentes entr'elles,
» tandis que cette forme varie presqu'à
» l'infini dans celles qui résultent des
» mêmes principes constituans & qui con-
» séquemment sont de la même espèce. «
Cette objection est spécieuse au premier
coup-d'œil, car on ne peut disconvenir
que la même forme cristalline, le *cube* ou
l'*octaèdre*, par exemple, ne se trouve en
même temps dans des substances salines,
pierreuses & métalliques qui n'ont rien de
commun entr'elles que cette seule propriété ; mais tout ce que l'on doit conclure de cette observation, c'est que la
forme cristalline seule est insuffisante pour
déterminer la nature & l'espèce des substances où elle se rencontre. On en peut
dire autant des deux autres propriétés
essentielles à ces mêmes corps, je veux
dire la *pesanteur* & la *dureté spécifiques* :
ni l'une ni l'autre de ces propriétés, con-

fidérée feule, n'eft fuffifante pour caractérifer la fubftance où elle réfide, par la
raifon que ces deux propriétés peuvent
exifter au même dégré dans des fubftances
d'ailleurs très-différentes entr'elles.

Mais en convenant que les trois propriétés effentielles dont nous venons de
parler, prifes féparément, font infuffi-
fantes pour déterminer le caractère fpécifique des fubftances homogènes du règne
minéral; il n'en fera plus de même, fi on
les fait concourir toutes enfemble à l'éta-
bliffement de ce caractère, parce qu'en
effet *il n'exifte point dans la Nature aeux
fubftances intrinféquement différentes, qui
aient en même temps la même forme criftalline, la même pefanteur & la même dureté
fpécifiques.*

Prenons pour exemple l'octaèdre à plans
triangulaires équilatéraux, que je choifis
de préférence, parce qu'il convient également à un plus grand nombre de fubftances,
tant dans la claffe des fels folubles, que
dans celles des pierres & des matières
métalliques.

Il fuffira de citer dans les fels qui nous préfentent cette forme, l'*alun*, le *nitre de Saturne* & le *fel marin des urines*.

La même forme n'appartient dans les pierres, dans celles du moins qui nous font connues, qu'au *fpath fluor*, au *diamant* & au *rubis fpinelle*. Enfin parmi les fub-ftances métalliques nous la retrouvons dans l'*arfenic*, le *fer*, l'*argent*, l'*or* & plufieurs autres.

Si l'on s'arrêtoit à la feule forme crif-talline pour caractérifer les efpèces, il eft évident qu'il faudroit faire ici l'affociation bizarre des fubftances les plus difparates; mais fi l'on y joint la confidération des autres propriétés diftinctives de ces fub-ftances, on reconnoîtra bientôt que la *faveur* & la *folubilité dans l'eau* rappellent les trois premières à la claffe des *fels*: que l'*infolubilité dans l'eau* jointe à la *tranf-parence*, excluent les trois fuivantes de la claffe des fels & de celle des fubftances métalliques, pour leur donner place parmi les fubftances que nous appelons *pierres*; enfin que l'*infolubilité*, l'*opacité*, jointes à une pesanteur spécifique très - considérable, ne permettent de ranger les dernières que parmi les substances métalliques.

Si nous considérons présentement chacun des trois sels en particulier ; nous reconnoîtrons dans l'*alun*, dans le *sel marin des urines* & dans le *nitre de Saturne*, autant de saveurs particulières très-distinctes qui jointes à la pesanteur spécifique, non moins différente de ces trois sels, ne permettent pas, malgré leur identité de forme, de les confondre en une seule & même espèce; & si le *sel marin des urines* se trouve avoir précisément la saveur du *sel marin ordinaire*, qui, comme l'on sait, cristallise en cubes, c'est qu'il est de la même espèce, c'est-à-dire, composé des mêmes principes constituans, l'acide & l'alkali marins : l'octaèdre n'est donc ici, comme dans plusieurs autres substances du règne minéral, qu'une simple modification de la forme cubique, ainsi que je l'ai démontré page 97 du premier volume de ma Cristallographie.

En faisant ainsi concourir avec la forme

criſtalline, la ſaveur, la peſanteur ſpécifique & les autres propriétés diſtinctives
des trois ſels dont il s'agit ; je reconnois
qu'ils conſtituent trois eſpèces bien dif-
tinctes. En effet, l'*alun* compoſé d'acide
vitriolique & d'une terre très-particulière-
ment modifiée, qu'on appelle *alumineuſe*,
vient ſe ranger dans le genre des ſels neutres
vitrioliques, & y conſtitue cette eſpèce
de vitriol à baſe terreuſe qu'on emploie
dans la teinture & dans différents arts.
Le *nitre de Saturne* ou de *plomb*, appartient au genre des ſels nitreux ; enfin, le
ſel marin des urines eſt une ſimple variété
de notre *ſel commun*, qui conſtitue une
eſpèce particulière dans le genre des *ſels
muriatiques* ou *marins*.

Examinons, d'après les mêmes principes,
les trois ſubſtances inſolubles dans l'eau,
que leur tranſparence plus ou moins parfaite nous a fait exclure de la claſſe des
ſubſtances métalliques, comme leur in-
ſolubilité dans l'eau les éloigne des ſels
qui y ſont ſolubles. Le *ſpath fluor* eſt le
ſeul dont les principes conſtituans nous

foient connus, & que nous puiffions, au moins fuivant M. Scheele, régénérer par la fynthèfe. Ces principes font un acide particulier auquel on a donné le nom d'*acide fluorique*, combiné jufqu'à faturation parfaite avec la terre particulière qui, dans un autre compofé, fert de bafe au fpath calcaire. La fubftance falino-pierreufe infoluble dans l'eau, que nous défignons fous les noms de *fpath fluor*, de *fpath fufible*, &c., conftitue donc une efpèce particulière dans le genre des compofés, où l'acide fluorique entre comme principe conftituant; & cette efpèce eft très-diftincte, 1°. *par fa forme octaèdre ou cubique*, (ces deux formes, comme je l'ai dit ailleurs, étant inverfes l'une de l'autre). 2°. Par fa gravité fpécifique, qui eft à celle de l'eau diftillée, dans le rapport de 31 à 10. 3°. Par fa dureté fpécifique, qui eft à celle du diamant à peu près comme 7 eft à 20. On peut encore y faire entrer la manière dont ce fpath fe comporte avec les acides, & les autres propriétés diftinctives que l'analyfe nous y a fait reconnoître ; mais les trois premières, prises ensemble, suffisent pour empêcher de la confondre avec toute autre substance du règne minéral : car en supposant qu'il y ait dans la Nature quelqu'autre corps qui ait la même gravité spécifique que le spath fusible, ce corps supposé n'aura point alors la même forme cristalline, ou la même dureté ; ou s'il en a la dureté, il en différera par la forme, ou par la gravité spécifique, ou par quelqu'autre propriété.

Quant au *diamant* & au *rubis spinelle*, leurs principes constituans nous sont encore inconnus, comme le prouve notre impuissance à régénérer ces gemmes par la synthèse ; nous sommes néanmoins fondés à considérer ces deux corps diaphanes comme des combinaisons très-parfaites, mais très-différentes l'une de l'autre & encore plus de l'espèce de spath dont nous venons de parler, quoique la forme cristalline de ces trois pierres soit à peu près identique (1).

---

(1) Je dis *à peu près* identique, par la raison que les trois octaèdres aluminiformes du *spath fluor*, du

La première différence que nous y ob-
fervons, eft la pefanteur fpécifique que
nous avons vue dans le *fpath fluor* être à

---

diamant, & du *rubis fpinelle*, paroiffent différer dans
la forme de leurs molécules intégrantes, ou du moins
dans la manière dont ces molécules fe réuniffent entre
elles. En effet les octaèdres du diamant & du rubis
fpinelle, ne font jamais tronqués dans leurs fix angles
folides par de petits plans rectangulaires, ce qui arrive fréquemment à l'octaèdre du fpath fluor, & indique dans ce fpath un paffage à la forme cubique,
fous laquelle il eft plus commun encore de le rencontrer ; tandis que le diamant fe modifie communément en dodécaèdre à plans rhombes, par la juxta-
pofition de lames triangulaires équilatérales toujours
décroiffantes fur les huit faces de l'octaèdre primitif ;
propriété qu'on n'obferve ni dans le fpath fluor, ni
dans le rubis fpinelle. L'octaèdre de ce dernier fe
préfente auffi très-fouvent avec des troncatures li-
néaires hexagones fur les douze arêtes de l'octaèdre,
ce qui fembleroit indiquer un paffage à la forme dodécaèdre ; cependant je dois dire que dans la grande
quantité que j'ai vue de gemmes de cette efpèce, je
n'ai point remarqué que ces troncatures allaffent jamais jufqu'à faire difparoître les huit plans triangulaires
équilatéraux, comme dans le diamant. La forme octaèdre de ce rubis tend plutôt à fe rapprocher du té-
traèdre régulier, (voy. *Criftall. vol. II, p. 227, var. 5.*)
ou à fe groupper en *macles*, (*ibid. var. 7.*) ce qui ne
s'obferve ni dans le fpath fluor, ni dans le diamant.

celle de l'eau, comme 31 eſt à 10; dans le diamant, cette peſanteur eſt à l'eau comme 35, & dans l'eſpèce de rubis dont il s'agit, comme 37 eſt à 10 : ce qui, pour le dire en paſſant, prouve non-ſeulement que ces trois pierres diffèrent entre elles, mais encore que le *rubis octaèdre* eſt une gemme intrinſéquement différente du *rubis d'orient*, puiſque dans ce dernier la peſanteur ſpécifique eſt à celle de l'eau comme 42 eſt à 10.

Si à ces différences tirées de la gravité ſpécifique, nous joignons celles qui réſultent de la dureté comparée de ces ſubſtances pierreuſes, nous trouverons que celle du *diamant*, la plus dure de toutes les pierres, étant ſuppoſée 20, celle du *rubis ſpinelle* eſt comme 15, tandis que celle du ſpath fluor ne s'élève point au-delà de 7; dès lors, quelle que puiſſe être la nature des molécules élémentaires de ces trois compoſés, il eſt certain qu'ils conſtituent des eſpèces bien diſtinctes, que l'identité apparente de forme criſtalline ne peut faire confondre entr'elles, ni avec aucune des substances salines ou métalliques douées de cette même forme octaèdre à plans triangulaires équilatéraux.

Il est vrai que tant que nous ignorerons quels sont les vrais principes du diamant & du rubis spinelle, nous ne pourrons, ainsi que nous l'avons fait pour le spath fluor, assigner le genre particulier de combinaison, auquel ces substances appartiennent, mais nous n'en serons pas moins en état d'assurer qu'elles constituent deux espèces très-distinctes, & l'épreuve du feu ne fera que nous confirmer dans cette idée, puisqu'au même dégré de chaleur où le rubis n'éprouve aucune altération dans sa couleur, dans sa forme, ni dans sa transparence, le diamant se brûle & se volatilise à la manière des corps combustibles ; propriété singulière dont on est parti dans ces derniers temps, pour en faire une espèce particulière de substance inflammable, vû qu'il diffère à plus d'un égard des autres corps combustibles de la nature.

Il nous reste encore à examiner celles

des fubftances métalliques que nous avons
citées comme pourvues de la forme octaèdre à plans triangulaires équilatéraux.
La première qui fe préfente eft l'*arfenic*;
lequel nous offre cette forme, non-feulement dans l'*état falin* & diffoluble, où il
jouit d'une certaine tranfparence, mais
encore dans l'*état de régule*, où, faturé de
phlogiftique, il perd fa tranfparence &
fa diffolubilité dans l'eau. Dans le premier
cas, fa gravité fpécifique eft à celle de
l'eau dans le rapport de 50 à 10, en quoi
il diffère des autres fels & des pierres que
nous avons vues plus haut fe préfenter
avec la même forme octaèdre. Dans le
fecond cas, c'eft-à-dire à l'état métallique,
il en diffère encore davantage au même
égard, puifque alors fa gravité fpécifique
devient à celle de l'eau dans le rapport
de 83 à 10. Si l'on joint à ces différences,
celles tirées de fon dégré de dureté, qui
eft très-médiocre, & de fa combuftibilité
en répandant cette odeur d'ail infuppor-
table qui le caractérife, on conviendra
qu'il n'eft plus poffible de le confondre

avec aucune autre des fubftances falines, pierreufes ou métalliques octaèdres que nous confidérons.

Les *criftaux de fer octaèdres*, répandus en fi grande quantité dans les ftéatites & autres roches primitives du fecond ordre, font encore plus faciles à diftinguer de toute autre fubftance, puifqu'indépendamment de leur pefanteur & de leur dureté fpécifiques, ils ont l'éclat métallique du fer & fa propriété exclufive d'être attirables à l'aimant.

A l'égard des criftaux d'*argent* & d'*or* octaèdres, il ne faut que leur couleur & leur éclat métalliques pour les faire reconnoître au premier coup-d'œil & les faire diftinguer de toute autre fubftance douée de la même forme criftalline, mais leur gravité fpécifique très-confidérable nous offre un caractère beaucoup plus tranchant, puifque dans l'or, le plus pefant de tous les corps, cette gravité fpécifique eft à l'eau dans le rapport de 192 à 10, tandis que dans l'argent, elle n'eft à l'eau que comme 104 eft à 10. Je ne parle point ici des autres propriétés diftinctives de ces métaux, telles que la dureté, la ductilité, la diffolubilité dans tel ou tel acide, &c. Toutes concourent à démontrer que, malgré l'identité de forme, ces fubftances conftituent des efpèces très-différentes entr'elles. Cette identité de forme ne peut donc induire en erreur, lorfqu'on ne la confidérera point abftractivement des autres propriétés diftinctives qui l'accompagnent dans les différens corps du règne minéral.

Au refte, quoique les propriétés diftinctives que nous venons d'indiquer dans les fubftances métalliques fuffifent pour nous faire connoître que l'*arfenic*, le *fer*, l'*argent* & l'*or*, conftituent des efpèces très-particulières, il n'en eft pas moins vrai que les principes conftituans de ces fubftances, nous font auffi peu connus que ceux qui compofent le diamant & le rubis; autrement on ne voit pas pourquoi il ne nous feroit pas auffi facile de faire de l'or ou du diamant, que de faire du foufre, ou de régénérer la félénite & le fpath calcaire, en combinant de nouveau les principes que l'analyse nous y a fait reconnoître; mais il s'en faut bien qu'il en soit ainsi, malgré les tentatives laborieuses & multipliées de nos chimistes modernes. L'ignorance du genre naturel auquel appartient une combinaison quelconque, n'empêche donc point qu'on ne puisse assigner ses véritables caractères spécifiques, si l'on suit la méthode que je propose; car, quels que soient les principes constituans de l'*or*, du *cristal de roche*, du *schorl*, ou du *diamant*, il reste toujours constant que ce sont quatre composés ou surcomposés qui diffèrent essentiellement entre eux, d'après l'examen comparé des propriétés qui leur sont inhérentes, telles que la forme, la pesanteur, la dureté spécifiques, &c.

Il existe donc dans le règne minéral des caractères que l'on peut rigoureusement appeler *spécifiques*, s'il est vrai que ces caractères soient uniformes & constans *dans les corps homogènes de la même espèce*, c'est-à-dire dans ceux qui résultent de la combinaison des mêmes principes constituans.

Or cette conſtance & cette uniformité ſont prouvées par le fait, du moins quant à la peſanteur & à la dureté ſpécifiques ; mais tous les phyſiciens ne conviennent pas également de la conſtance de la forme criſtalline dans chaque eſpèce. Ils objectent au contraire » la multiplicité de formes » criſtallines déterminées qui ſe rencon- » trent dans certaines ſubſtances ſalines » ou pierreuſes, telles que l'*alun*, le *tartre* » *vitriolé*, la *ſélénite*, le *ſpath calcaire*, le » *ſpath peſant*, le *ſchorl*, le *feld-ſpath*, &c.« Ils vont juſqu'à citer cette multiplicité de formes dans la même eſpèce, comme une preuve ſans réplique du peu d'importance qu'on doit y attacher. » La forme de criſ- » talliſation, dit expreſſément M. le comte » de Buffon, n'eſt pas un caractère conſ- » tant, mais plus équivoque & plus va- » riable qu'aucun autre des caractères par » leſquels on doit diſtinguer les minéraux. (Hiſt. Nat. des Minéraux, vol. I. pag. 343, de l'édit. in-4°.)

Cette objection qu'on ne ſe laſſe point de répéter, n'en eſt pas meilleure pour avoir été faite par les *Cronstedt*, les *Bergman*, les *Buffon*, & tout récemment par M. *Kirwan*, dans la préface de l'édition angloise de ses Elémens de Minéralogie. Si les Chimistes & les Physiciens distingués qui la proposent, eussent approfondi davantage la marche invariable de la Nature dans la cristallisation des substances, ils eussent bientôt reconnu que cette multiplicité de formes cristallines dans la même espèce, loin de s'éloigner du caractère d'uniformité, inhérent à cette espèce, en est au contraire la preuve la plus triomphante, puisque cette preuve est toute géométrique.

Que diroient en effet ces Physiciens, si on leur démontroit que dans toutes les formes à facettes planes déterminées de l'*alun*, du *tartre vitriolé*, du *spath calcaire*, &c. on retrouve absolument *les mêmes angles, la même inclinaison respective des faces entr'elles, que dans le cristal le plus simple & le plus régulier de la même espèce ?*

C'est néanmoins ce qu'on peut facilement

leur démontrer à l'aide du *goniomètre* ou *mefur-angle*. Qu'ils prennent cet inftru- ment ; qu'ils mefurent avec le plus de précifion qu'il leur fera poffible, les angles correfpondans de tous les criftaux déter- minés qu'ils auront de la même efpèce, & ils reconnoîtront eux-mèmes cette conf- tance invariable des angles, qui eft fans contredit un des plus étonnans & des plus intéreffans phénomènes qu'on ait encore obfervé dans la Nature.

Cette conftance admirable des angles, loin d'être altérée par les troncatures ou nouvelles faces qui fouvent fe rencontrent, foit aux arêtes, foit aux angles folides du criftal primitif, détermine au contrairé tous les nouveaux angles réfultants de ces troncatures, puifque ces nouveaux angles, que j'appelle *fecondaires*, font une fuite néceffaire de l'inclinaifon refpective des faces du criftal primitif, de manière qu'il eft vrai de dire qu'au milieu des modi- fications fans nombre que préfente la *forme criftalline*, elle eft *unique* dans chaque efpèce : de même qu'il n'y a dans chaque efpèce, qu'une *feule faveur*, une *feule du-reté*, une *feule pefanteur fpécifique*.

Mais en admettant la conftance & la cer-titude de ces caractères dans les fubftances homogènes, on dira peut-être qu'ils s'al-tèrent & difparoiffent même tout-à fait dans celles qui font mélangées de fubftances hétérogènes.

A cela je réponds que tant que la fub-ftance dont il s'agit confervera fa forme criftalline à facettes planes déterminées, fon mélange avec des molécules hété-rogènes n'empêchera point de la recon-noître. Ce mélange peut modifier jufqu'à un certain point fa dureté, fa gravité fpé-cifique & fes autres propriétés, lui faire perdre fa tranfparence, lui donner même telle ou telle couleur, fans que fes angles ceffent d'être identiques avec ceux du criftal le plus homogène de la même ef-pèce. Je puis citer en preuve de cette affertion, les grès criftallifés de Fontaine-bleau, qui confervent la forme rhomboï-dale du *fpa... calcaire muriatique*, malgré l'interpofition des molécules quartzeufes, qui en font une pierre fcintillante fous le briquet, tandis que fes molécules fpa-thiques la rendent effervefcente & foluble dans les acides, comme les fpaths les plus homogènes ; les criftaux de roche d'un rouge d'ocre ou de cornaline, que nous défignons vulgairement fous le nom d'*Hya-cintes d'Efpagne* ou de *Compoftelle* ; ceux à long prifme du Dauphiné, qui font ternis ou colorés, foit en totalité, foit en partie, par une ftéatite martiale de couleur verte ; ceux enfin qui renferment dans leur in-térieur de l'*amianthe* ou du *mica*, du *fchorl*, du *feld-fpath*, des *marcaffites*, &c. Tous ces criftaux, malgré les fubftances étrangères qui s'y trouvent interpofées, confervent dans leurs angles la régularité qu'on ob-ferve dans les criftaux les plus homogènes de la même efpèce. D'ailleurs l'altération plus ou moins marquée, que la pefanteur & la dureté fpécifiques doivent éprouver de ce mélange, étant en rapport avec la nature & la quantité des molécules hétéro-gènes, ne fait que confirmer la certitude de nos caractères fpécifiques, d'autant que les propriétés d'un tel criftal doivent être alors en raifon compofée de celles des fubftances étrangères qu'il a faifies dans l'inftant même où fes propres molécules fe réuniffoient conformément aux lois de la criftallifation.

C'eft ce que l'on peut obferver dans l'*hyacinte blanche cruciforme* du Hartz, & dans l'*aigue-marine*, ou *béril* de Saxe; ces pierres ont bien là forme criftalline des gemmes dont elles portent le nom, mais elles n'en ont point l'éclat, ni la tranfparence, ni la dureté, ce qui provient des molécules étrangères, argileufes ou calcaires, qui fe trouvoient interpofées, mais non diffoutes, dans le fluide où ces gemmes ont criftallifé. On doit rapporter à la même caufe la fragilité des *Tourmalines du Tirol*, comparée avec la dureté & la folidité des *Tourmalines d'Efpagne* & de *Ceylan*; car, d'après la forme criftalline & les propriétés électriques que préfentent toutes ces tourmalines, on ne peut nier qu'elles n'appartiennent à une feule & même efpèce. Enfin l'on peut en dire autant des *fchorls verts* en aiguilles prifmatiques du Dauphiné, dont les plus homogènes étincellent facilement ſous le briquet, tandis que ceux que leur odeur argileuſe annonce comme impurs ou mélangés, ſe briſent au moindre choc, en donnant cependant encore quelques foibles étincelles ; d'où l'on voit que la *dureté* dans les ſubſtances pierreuſes ne doit être miſe au nombre des caractères ſpécifiques, que dans celles-là ſeules dont les criſtaux ſont homogènes & diaphanes ; cette dureté, de même que la denſité, s'altérant néceſſairement en raiſon de la nature & de la quantité de molécules étrangères à la compoſition de ces mêmes criſtaux.

Si nous paſſons aux autres caractères extérieurs, nous verrons que la *couleur*, dans les criſtaux pierreux, n'eſt jamais que le réſultat d'un principe étranger métallique ou phlogiſtiqué, lequel s'eſt introduit en plus ou moins grande quantité dans le fluide où leurs molécules étoient en diſſolution ; il eſt aiſé de conclure delà, que dans les criſtaux de cette claſſe, la *couleur* ne peut être miſe au nombre

des caractères essentiels & primitifs. En
effet, les *diamans roses*, *bleus*, *verts*,
jaunes, *&c.* ne font point d'une espèce
différente du diamant pur, homogène, &
comme l'on dit, d'une *belle eau*. Le quartz
ou cristal de roche, que sa couleur pourpre
ou violette a fait nommer *améthiste*, est
bien certainement le même cristal de roche
qui se montre diaphane & sans couleur,
& d'autres fois parfaitement opaque, im-
médiatement au dessous de la partie qui
prend, de la couleur qui s'y rencontre, le
nom distinctif d'une pierre précieuse. Per-
sonne n'ignore aujourd'hui que la *topaze*
de Bohême n'est aussi qu'un cristal jaune,
& la *prase* ou *chrysoprase* un quartz vert.

Cependant on voit des Minéralogistes
faire trois espèces distinctes du *rubis*, du
saphir, & de la *topaze d'orient*, quoiqu'ils
ne puissent ignorer que le même *cristal-*
gemme présente souvent à la fois le bleu
velouté du *saphir* & le jaune d'or de la
topaze. Mais si la pointe ou l'extrémité su-
périeure d'un tel cristal est rouge ou bleue,
tandis que son extrémité inférieure reste
diaphane

diaphane & fans couleur, comment s'y
prendra-t-on pour claffer une telle pierre?
Faudra-t-il la confidérer comme formée de
deux efpèces différentes entées l'une fur
l'autre ? & fi la couleur très-intenfe à l'une
des extrémités s'éclaircit par dégrés jufqu'à
difparoître à l'extrémité oppofée, ou fi,
comme il arrive quelquefois, l'efpace in-
termédiaire entre deux couleurs très-dif-
tinctes, refte diaphane & fans couleur,
faudra-t-il encore fuppofer autant d'efpèces
différentes confondues fous la même forme
criftalline ? La *topaze de Saxe* n'eft-elle pas
tantôt d'un jaune plus ou moins clair,
tantôt couleur d'*aigue-marine* ou de *chryfolite*, tantôt blanche & limpide comme
le plus pur criftal, tantôt enfin parfaitement opaque & d'un blanc mat ? Les
cubes du *fpath fluor* ne s'impregnent-ils
pas de toutes les couleurs dont nous ad-
mirons l'éclat & la vivacité dans les gemmes
proprement dites, tandis que d'autres fois
ce même fpath eft fans couleur, ou de
la plus parfaite opacité ? Enfin il n'eft
aucune des pierres tranfparentes & co-

C

lorées , que nous appelons *rubis* , *faphir* , *topaze* , *émeraude* , *hyacinte* , *chryfolite* , *aigue - marine* , &c. , qui n'exifte avec des couleurs différentes , plus ou moins intenfes , & qui ne puiffe même , dans l'état d'homogénéité parfaite , exifter fans couleur.

La *couleur* dans les pierres n'eft donc pas un caractère fpécifique , & elle ne fait qu'indiquer la modification que telle ou telle efpèce éprouve de la part du principe colorant ; il en eft autrement dans les criftaux métalliques ou phlogiftiqués , & dans les fels qui en dérivent. Ainfi la couleur *jaune* de l'or , la *grife* du fer , & la *rouge* du cuivre , font auffi complettement inhérentes à ces fubftances dans leur état de métalléité , que , dans l'état falin , la couleur *bleue* l'eft au *vitriol de cuivre* , & la *verte* au *vitriol martial*. Le fer feul , felon les diverfes combinaifons qu'il forme avec différens acides , eft fufceptible de prendre des couleurs très-variées , toujours effentiellement inhérentes à chaque combinaifon. C'eft ainfi qu'après avoir perdu son phlogistique, il prend avec l'*acide igné* la couleur *rouge*, avec l'*acide animal* la couleur *bleue*, & la *jaune* avec l'*acide végétal*. C'est encore à ce même fer différemment modifié, que nous devons les trois couleurs du *rubis*, du *saphir* & de la *topaze*, le rouge foncé du *grenat*, & le rouge orangé de l'*hyacinte* ou de la *vermeille*.

 Si de la couleur nous passons au *tissu* des substances minérales, nous reconnoîtrons que ce tissu n'est pas tant un effet de la figure de leurs molécules primitives intégrantes, que de la juxtaposition plus ou moins lente, plus ou moins accélérée de ces mêmes molécules. Un tel caractère tenant à des circonstances locales & très-diversifiées, ne peut être non plus considéré comme essentiel & primitif dans ces substances. Je n'en veux d'autre preuve que l'exemple suivant. Le *cristal d'Islande*, le *flos-ferri* de Stirie, & le *marbre blanc* de Carare, appartiennent certainement à la même espèce de pierre, puisque toutes les trois résultent de la combinaison des

mêmes principes conſtituans, l'*acide mé-*
phitique & la *terre abſorbante*. Cependant
quelle différence n'y a-t-il pas dans la
caſſure, & conſéquemment dans le tiſſu
de ces trois corps ? Le premier ſe diviſe
aſſez facilement en parallélipipèdes rhomboïdaux, également diviſibles en parallélipipèdes plus petits, liſſes & brillans
dans leur caſſure, ſans qu'il ſoit poſſible
d'atteindre, par ce moyen mécanique &
groſſier, au dernier terme de diviſion, qui
eſt celui des molécules primitives intégrantes de ce criſtal; il en eſt de même
de toutes les variétés déterminées du
criſtal d'Iſlande, quelqu'éloignées qu'elles
nous paroiſſent de la forme originelle &
primitive que nous lui connoiſſons.

La caſſure n'a plus rien de cette régularité dans le *flos-ferri*, qui eſt une ſtalac-
tite calcaire à rameaux nombreux, plus
ou moins déliés & contournés. Ces rameaux s'entrelacent & ſe réuniſſent ſou-
vent en une maſſe fibreuſe blanche, dont
la fracture offre des eſpèces de dendrites
très-élégantes, mais dont les ſinuoſités

multipliées laiffent entr'elles de fréquens interftices. Enfin le *marbre de Carare* eft compofé de molécules fpathiques luifantes, plus ou moins fines & très-ferrées, entrelacées confufément les unes dans les autres, au point que les maffes qui en réfultent, montrent dans leur caffure un tiffu plus ou moins grenu, plus ou moins rude au toucher.

Ici la caffure tout-à-fait irrégulière ne préfente ni les rainceaux du *flos-ferri*, ni le tiffu fibreux des autres ftalactites ou dépots calcaires, ni les fegmens liffes & rhomboïdaux du criftal d'Iflande. Un tiffu fi différent dans les morceaux que je viens de citer, nous apprend feulement fi la matière calcaire qui les compofe, eft le produit d'une criftallifation lente & tranquille, ou d'un dépôt fucceffif de molécules chariées par les eaux, ou enfin d'une criftallifation rapide & prefque fimultanée.

La caffure peut donc fervir à caractérifer les variétés d'une même efpèce, fans pouvoir nous indiquer en quoi cette efpèce diffère d'une autre qui appartiendroit à un genre différent. Le tiſſu fibreux ou rayonné de certaines *zéolites*, de certains *gypſes*, &c., ne leur appartient pas davantage qu'à la *pyrite en globules*, au ſoufre, au *cinabre*, à l'*hématite*, &c. ; il n'eſt évidemment dans toutes ces ſubſtances que le produit d'une criſtalliſation trop accélérée, puiſque la plupart d'entre elles nous préſentent auſſi des formes criſtallines régulières & déterminées, dont le tiſſu n'eſt rien moins que fibreux, lamelleux ou ſtrié.

La *tranſparence* & l'*opacité* ne ſont pas non plus des caractères qu'on puiſſe appeler ſpécifiques. La première de ces propriétés, dans les ſels & les pierres, indique bien certainement l'homogénéité de la ſubſtance criſtalline, mais la ſeconde n'indique pas toujours ſon hétérogénéité, du moins dans les ſubſtances métalliques ou fortement phlogiſtiquées. Dans les ſels & les pierres l'opacité provient ou d'une criſtalliſation trop accélérée, ou d'une ſubſtance étrangère, ſaiſie par les molécules criſtallines au moment de leur réunion, ou enfin d'un commencement de décompofition. Or aucune de ces circonftances n'étant effentielle & primitive, il eft évident que le même criftal peut être opaque ou dia-phane, foit en tout, foit en partie feule-ment, fans ceffer d'appartenir à la même efpèce, c'eft-à-dire à la combinaifon des mêmes principes conftituans.

Il réfulte de ce qui précède, que fi tous les caractères extérieurs qui fe rencontrent dans les combinaifons falines, pierreufes ou métalliques, ne font pas également primitifs & effentiels, il en eft cependant plufieurs, tels que la *forme criftalline*, la *pefanteur* & la *dureté fpécifiques*, qui, pris enfemble, ne peuvent fe rencontrer dans des efpèces d'un genre différent; ce qui fuffit pour nous faire diftinguer, dans le règne minéral, des *efpèces proprement dites*, dans le fens d'une reproduction conftante & déterminée, toutes les fois que s'opère la combinaifon des mêmes principes conf-tituans.

Ces principes élémentaires, plus ou moins fimples, mais doués d'une figure qui leur eft inhérente, & qu'on doit regarder comme indeftructible, deviennent par leur combinaifon *générateurs de la forme criftalline & des autres propriétés diftinctives des fubftances minérales*, & conféquemment ils nous tiennent lieu des *germes reproductifs* exclufivement attachés aux fubftances des deux autres règnes. Rejetter comme illufoires les caractères invariables qui réfultent d'une telle combinaifon, pour ne s'arrêter qu'à ceux qui nous font fournis par l'analyfe chimique, n'eft-ce pas comme fi, pour claffer les végétaux, on fermoit les yeux fur les caractères tirés de la confidération des *étamines*, du *piftil*, du *calice*, de la *corolle*, &c., pour n'avoir égard qu'aux propriétés que nous y aurions reconnues par l'analyfe chimique?

On peut remarquer auffi que dans les plantes, comme dans les minéraux, ce n'eft point d'après la confidération de quelques-uns de leurs caractères extérieurs pris féparément, mais d'après l'examen comparé de tous ces caractères, qu'on doit établir les *différences fpécifiques*, & la diftribution la plus naturelle & la plus lumineuse de ces substances.

Cependant s'il faut en croire le célèbre Bergman, les molécules qui concourent à la formation des substances minérales, » *NE S'UNISSENT QUE PAR HASARD* ... » elles font *tantôt rares , tantôt denses,* » quelquefois elles se disposent symmé- » triquement, d'autres fois absolument » fans ordre, & leur variété multipliée fuit » toutes les nuances possibles. *Cette ob-* » *fervation générale ,* continue l'oracle » de nos Chimistes modernes , *annonce* » *CERTAINEMENT que les formes exté-* » *rieures ne peuvent pas fervir de caractères* » *distinctifs dans le règne minéral.* (Voyez le Manuel du Minéralogiste ou Sciagraphie du règne minéral , distribué d'après l'analyse chimique par M. Tob. Bergman , mise au jour par M. Ferber , & traduite en françois par M. Mongez le jeune , Paris , 1784, in-8° , pag. 5 , §. VI.)

Si cette prétendue obfervation de M. Bergman étoit vraie, l'étude des formes criftallines feroit donc une ineptie , puifque les molécules intégrantes du criftal de roche, par exemple, ne s'affembleroient plus qu'au hafard. Comment arrive-t-il donc que tous les criftaux de roche qui exiftent, je ne dis pas dans les Alpes, mais fur le globe entier, confervent dans l'inclinaifon de leurs faces refpectives, les mêmes angles déterminés ? A qui perfuadera-t-on que cette conftance invariable des angles dans les criftaux homogènes de la même efpéce eft un effet du hafard ? Il faudroit donc en dire autant du retour journalier du foleil fur notre horizon. Ces molécules, dit-on, font *tantôt rares, tantôt denfes*. Oui, fans doute, dans les divers compofés ; mais dans ceux qui réfultent de la combinaifon des mêmes principes conftituans, ces molécules confervent la même denfité, tant que leur combinaifon fubfifte. Les gravités fpécifiques d'un grand nombre de fubftances homogènes, ne font-elles pas aujourd'hui connues de tous les Phyficiens ? ont-ils trouvé quelquefois de l'*or* qui eût la gravité fpécifique du *fer ;* ou du *mercure* auffi léger que l'*étain ? Si* la forme des fubftances homogènes du règne minéral n'eft pas toujours fymmétrique & réguliére, cela tient à des circonftances locales & perturbatrices, qui rendent la criftallifation *confufe* ou *indéterminée* ; mais dans ce cas même les caractères tirés de la denfité, de la dureté, de la faveur, de la folubilité dans tel ou tel acide, fubfiftent dans leur intégrité, & fuffifent, au défaut de la forme criftalline, pour conftater l'efpèce de ces fubftances : car, je ne puis trop le répéter, *la forme criftalline déterminée* eft de toutes les formes que peut affecter un mixte ou compofé quelconque, *la feule qui foit caractériftique & diftinctive.* Quand cette forme nous manque, nous fommes alors privés d'un des caractères les plus frappans dont la Nature ait revêtu les fubftances du règne minéral, mais il ne s'enfuit pas que dans celles qui nous la préfentent, elle ne puiffe fervir de *caractère diftinctif*, ainfi que l'affure pofitivement M. Bergman dans le paffage étrange que je viens de citer.

Bien plus, après avoir voulu démontrer

dans les paragraphes fuivans, l'infuffifance prétendue des caractères extérieurs des fubftances minérales, ce Chimiste prétend que dans la claffification de ces fubftances, » il faut les placer *fuivant le principe le* » *plus abondant dont elles font compo-* » *fées* (1). « Mais une telle affertion ne fuppofe-t-elle pas que nous fommes parvenus à décompofer les matières pierreufes & métalliques auffi parfaitement que les fubftances falines folubles dans l'eau ? Car comment affigner, par exemple, *le principe le plus abondant du quartz*, fi nous ignorons encore la nature, le nombre & la proportion de fes principes conftituans ?

Il faut en convenir ici, malgré les analyfes multipliées des *Cronftedt*, des *Scheele*, des *Bergman*, des *Achard*, des *Gerhard*, des *Kirwan*, & de nos plus

_____

(1) « Je donne, dit-il, dans cet ouvrage, les genres & les efpèces du règne minéral...... *J'ai tiré* les genres *du principe dominant*, & les efpèces *de la diverfité des mélanges* : les variétés *ne regardant que la furface extérieure*, je crois inutile *d'en parler.*» Avis de M. Bergman fur fa fciagraphie.

habiles Chimistes, il s'en faut bien que nous connoissions les vrais principes constituans de tous les corps du règne minéral. Nous ignorons d'abord quels sont les principes constituans de l'*or*, de l'*argent*, du *fer*, du *plomb*, de l'*étain*, du *cuivre*, du *mercure*, & généralement de toutes les substances métalliques. Nous ne savons si la Nature a donné à chaque métal une terre particulière, ou si la même terre peut, à l'aide de certaines modifications, convenir également à toutes les substances métalliques. Cette ignorance où nous sommes des vrais principes constituans des substances métalliques, ne nous empêche cependant point de reconnoître & d'employer chacune de ces substances d'après les propriétés qui la distinguent & la caractérisent.

Quant aux *pierres*, si nous en exceptons certains *spaths* & la *sélénite* que nous parvenons à décomposer & même à régénérer d'une manière assez complette, quelles sont celles dont on peut se flatter de connoître les vrais principes constituans?

Quelqu'un a-t-il fait du *quartz* ou *criftal de roche*, en uniffant 93 parties de *terre filiceufe* à 6 de *terre argileufe*, plus une de *terre calcaire* (1) ? En admettant la fimplicité de ces trois terres, qui font très-certainement hétérogènes entr'elles, à l'aide de quel principe forment-elles un tout homogène & diaphane, appelé *criftal de roche*, doué d'une telle forme criftalline bien déterminée, d'une telle pefanteur & d'une telle dureté fpécifique ? Ce principe d'union, quel qu'il foit (2), ne nous eft point offert par l'analyfe, puifque fur cent parties de *quartz* homogène, il y en a 93 de terre filiceufe, 6 d'argileufe & une de calcaire ; total 100. Cette analyfe eft donc incomplette, fi elle ne nous offre qu'une partie des principes conftituans de

---

(1) Ce font les proportions des principes conftituans du criftal de roche fuivant M. Kirwan.

(2) Ce principe d'union eft, fuivant M. Achard, *l'air fixe* ou *acide méphitique*; fuivant M. Bergman, *l'acide fluorique*; *l'acide nitreux*, felon Linné ; fuivant M. Scopoli, *l'acide marin*; & enfin *l'acide vitriolique*, fuivant M. Sagé.

la substance homogène, appelée *quartz* ; ou fausse, si d'après elle on n'admettoit dans sa composition que les trois principes terreux hétérogènes dont il s'agit.

Ce que je dis ici de la prétendue analyse du quartz ou *cristal de roche*, peut s'appliquer à celles qu'on a publiées récemment de toutes les *gemmes*, de la *tourmaline*, du *schorl*, du *mica*, du *feldspath*, &c.

M. Kirwan, l'un des plus habiles chimistes de l'Angleterre & disciple du célèbre Bergman, a trouvé, par ses analyses, 80 parties de *terre siliceuse* dans la *stéatite*, & 90 dans le *tripoli*, tandis que d'après les mêmes analyses, il n'y en auroit que 72 parties dans le *petrosilex*, & 75 dans le *jaspe*. Voilà donc la stéatite plus quartzeuse que le jaspe, & le tripoli beaucoup plus que le petrosilex ; & cependant combien la dureté spécifique du jaspe & du petrosilex, (que l'on sait être égale à celle du quartz même), ne l'emporte-t-elle pas sur celles de la *stéatite* & du *tripoli* ? J'admettrai, si l'on veut, que des analyses exactes

de ces deux fubftances·par l'intermède de
l'acide vitriolique ont donné conftamment
la même quantité d'*alun*, de *vitriol martial*
& de *vitriol de magnéfie* : cela peut-il empêcher que fur un quintal fictif, foit de
ftéatite, foit de *tripoli*, il ne foit refté 80 ou
90 parties d'une fubftance parfaitement
infoluble, que l'on qualifie de *terre quartzeufe* ou *filiceufe* ? Mais qui nous affurera
que la fubftance quartzeufe eft la feule
dans la Nature qui foit infoluble dans les
acides, la feule qui foit vitrifiable à l'aide
des alkalis, du borax ou du fel micro-
cofmique ? & fi par hafard il en exiftoit
deux, trois, quatre, ou un plus grand
nombre qui fuffent inacceffibles à tous nos
diffolvans, (& cette fuppofition eft admif-
fible, fi l'on confidère combien les gemmes
s'éloignent du quartz par leur forme criftalline, leur pefanteur & leur dureté fpécifiques) que faudroit-il penfer de telles
analyfes qui donneroient pour identiques
des fubftances très-différentes entre elles?
Croira-t-on que la *chryfoprafe*, qui n'eft
qu'un quartz informe teint en vert par une

matière

matière métallique étrangère à fa compofition, contienne, fuivant les mêmes
analyfes, 95 parties de terre filiceufe,
tandis que le criftal de roche homogène
n'en contient que 93 ? La chryfoprafe
feroit donc plus quartzeufe que le quartz
même le plus homogène ? & en raifon du
principe le plus abondant, elle feroit le
premier de tous les quartz !

MM. Bergman & Kirwan nous difent
que le *rubis* contient 39 parties de terre
filiceufe, 40 d'argile, 9 de terre calcaire
aërée, & 10 de terre martiale. En accor-
dant à ces habiles Chimiftes, que le rubis
puiffe réfulter de l'union pure & fimple
de ces quatre principes terreux, je leur
demanderai feulement de quel rubis ils
prétendent parler; fera-ce du *rubis oriental,*
du *rubis octaèdre,* ou du *rubis du Bréfil?*
Vu le peu d'attention qu'ils ont donné aux
caractères extérieurs des gemmes, il n'eft
fait mention dans leurs ouvrages que d'un
feul *rubis,* comme fi toutes les pierres qui
portent ce nom n'étoient que de légères
variétés de la même efpèce : cependant

D

les trois *rubis* que je viens de citer, conftituent des efpèces très-particulières, auffi
différentes par leur forme criftalline, que
par leur pefanteur & leur dureté fpécifiques.
(Voyez Criftall. vol. II, efp. 2, 3 & 4,
des Crift. gemmes). L'analyfe du *rubis
d'Orient*, en la fuppofant exacte, doit donc
néceffairement différer de celle du *rubis
octaèdre*, & celle du *rubis du Bréfil* doit,
par la même raifon, donner des produits
différens de ceux des deux premiers rubis;
autrement on ne voit pas pourquoi ces trois
pierres n'auroient pas la même denfité,
la même forme criftalline, & le même
dégré de dureté. D'un autre côté, les
mêmes Chimiftes font du *rubis*, du *faphir*,
& de la *topaze d'Orient*, trois compofés
filiceux qui diffèrent entre eux par la proportion de leurs principes conftituans; &
cependant nous avons vu plus haut que
les trois couleurs, *rouge*, *bleue*, *jaune*,
de même que leur privation totale, peuvent avoir lieu fur un criftal-gemme de la
même efpèce, & dont les divers individus
foumis à l'analyfe ne doivent différer dans

leurs produits, que par les proportions du seul principe colorant qui les distingue.

Ce petit nombre d'observations suffit pour démontrer combien, dans les sub-stances dont il s'agit, les caractères exté-rieurs sont préférables aux caractères équi-voques & précaires, déduits d'une analyse presque toujours incomplette & rarement susceptible d'être démontrée par la syn-thèse. Cependant cette analyse est impor-tante & très-propre à nous faire connoître dans les composés pierreux, celles des substances du règne minéral sur lesquelles nos acides ont quelque prise, telles que les terres *absorbante* ou *calcaire*, *sedlit-zienne*, *alumineuse*, *martiale*, &c. Mais il ne faut pas croire qu'elle aille jusqu'à nous dévoiler la nature & les principes consti-tuans d'un grand nombre de substances, jusqu'à présent inaccessibles à tous nos menstrues chimiques.

Il vaut mieux convenir de bonne foi que nous ignorons encore les vrais principes constituans de plusieurs corps pierreux & métalliques, & faire en conséquence de nouveaux efforts pour augmenter le nombre de nos diſſolvans, que de reſter dans la vaine & fauſſe perſuaſion, qu'à l'aide de ceux que nous employons, nous ſoyons en état d'aſſigner la nature, le nombre & la proportion des principes élémentaires & conſtitutifs de ſubſtances auſſi peu connues que le ſont encore la *zéolite*, le *criſtal de roche*, le *diamant*, les *gemmes*, le *grenat*, le *ſchorl*, le *jade*, le *feld-ſpath*, &c.

Mais quoique l'analyſe chimique ne parvienne pas toujours à nous dévoiler les vrais principes conſtituans de certains corps pierreux & métalliques, il faut néanmoins convenir que c'eſt l'unique moyen qui ſoit en notre pouvoir de connoître ceux de ces principes dont l'union peut être rompue, ſoit par le feu, ſoit par l'eau, l'air, les acides, les alkalis, le phlogiſtique, & les autres diſſolvans naturels ou chimiques. Or il eſt dans les trois règnes un très-grand nombre de compoſés & de ſurcompoſés, qui ſe prêtent à cette déſunion de leurs principes conſtituans. Tels ſont, dans le règne minéral, tous les métaux & demi-

métaux combinés, feuls ou plufieurs enfemble, foit avec le foufre, foit avec
l'arfenic ou toute autre fubftance miné-
ralifante.

La plupart de ces furcompofés à bafe
métallique, nous préfentent auffi des caractères diftinctifs bien déterminés dans
leur forme criftalline, leur pefanteur &
leur dureté fpécifiques; & ces caractères
pris enfemble, diffèrent alors effentiellement de ceux que nous offrent les mêmes
fubftances métalliques & demi-métalliques,
foit à l'état natif ou de régule, foit à l'état
falin, calciforme ou tranfparent; cependant nous n'obtiendrons une connoiffance
intime des principes qui les conftituent dans
ces divers états, qu'en foumettant à l'analyfe chacun de ces furcompofés, pour en
extraire & rendre propres à nos ufages les
fubftances qui nous intéreffent.

On peut obferver ici qu'il n'en eft pas
de ces furcompofés métalliques, ou des
minéraux proprement dits, comme des
fubftances pierreufes; la *taille* ou le *poli*
fuffifent pour rendre ces dernières propres

à nos divers ufages, & la connoiffance de leurs vrais principes conftituans, nous intérefle beaucoup moins que leur *tranfparence*, ou leur *opacité*, leur *dureté*, leur *folidité*, leur *pefanteur fpécifique*, leur *couleur*, leur *éclat*, leurs *nuances*, & leurs autres propriétés extérieures; au lieu que la plupart des minéraux nous feroient à-peu-près inutiles, ou du moins d'une utilité très-bornée, fans les moyens que nous empruntons de la *Docimafie* (1), de l'*Halurgie* (2), de la *Métallurgie* (3), pour reconnoître, extraire, purifier, fublimer, précipiter, ou revivifier les fubftances métalliques & femi-métalliques que les mines recelent, & que les différents arts rendent enfuite propres aux ufages multipliés de la fociété.

Concluons que fi le Minéralogifte a dans l'analyfe chimique un moyen de plus pour

---

(1) L'Art d'effayer les mines.
(2) L'Art d'extraire & de fabriquer les différens fels, tels que les *vitriols*, l'*alun*, le *falpétre*, &c.
(3) L'Art de fondre & de travailler les métaux.

acquérir une connoiſſance intime, ou du moins plus parfaite des différens corps du règne minéral, ſon premier devoir, comme Naturaliſte, eſt d'apprendre à reconnoître & à claſſer ces mêmes corps d'après les propriétés extérieures & ſenſibles qui leur ſont inhérentes, telles que la *forme criſtalline*, la *peſanteur*, la *ſaveur*, la *dureté ſpécifiques*, &c. Je crois avoir démontré que ces propriétés priſes enſemble, loin de pouvoir paſſer pour *équivoques*, encore moins pour *illuſoires*, ainſi que n'ont pas craint de l'avancer quelques Chimiſtes & Phyſiciens du premier ordre, ſont au contraire le vrai *cachet de la Nature*, puiſqu'on y reconnoît ce caractère ſublime de ſymmétrie, de conſtance & d'uniformité, qui diſtingue toutes ſes productions, au milieu des modifications ſans nombre qu'elles éprouvent de la part des corps environnans.

Ainſi ce Règne minéral, cet aſſemblage de corps, qu'on appelle *bruts*, *inorganiques*, parce qu'ils ſont dépourvus de cet appareil d'organes intérieurs, néceſſaires à la vie, à la croiſſance, à la reproduction, ce Règne minéral, dis-je, a donc aussi ses *espèces* particulières, aussi constantes, aussi déterminées d'après les lois invariables de la combinaison & de la saturation (1), que les espèces animales & végétales le font elles-mêmes d'après les lois non moins certaines de la fécondation.

C'est pour avoir méconnu cette grande vérité, qu'on a pu négliger & proscrire en quelque sorte la connoissance des vrais caractères distinctifs de ces *Espèces minérales*. Aujourd'hui que leur existence est démontrée, il seroit aussi honteux pour le Physicien de l'ignorer que de la combattre.

---

(1) « Toutes les parties de la matière, ainsi que « l'observe M. Macquer dans son Dictionnaire de Chi- « mie, ont une tendance à s'unir les unes avec les autres. « Lorsqu'elles sont unies en effet & que cette tendance « est satisfaite, cela s'appelle l'Etat de Saturation; « alors tout l'effet de cette même tendance ou de cette « force se réduit à les faire cohérer entre elles. » C'est aussi de cette *saturation* que dépendent la *pesanteur spécifique*, & les autres propriétés essentielles à tous les corps du règne minéral, puisqu'il n'entre jamais dans un composé homogène que la quantité de molécules nécessaire à sa combinaison.

APPERÇU

Des différens Syſtémes lithologiques qui ont paru depuis Bromel juſqu'à préſent.

LES Minéralogiſtes s'accordent aſſez généralement à ranger tous les compoſés & ſurcompoſés
du règne minéral, ſous quatre grandes claſſes ou
diviſions principales, qui ſont les SELS, les
PIERRES, les SOUFRES ou SUBSTANCES IN-
FLAMMABLES, & les SUBSTANCES MÉTAL-
LIQUES. Si ces quatre claſſes ne ſont pas les
plus naturelles (1), on ne peut nier au moins
qu'elles ne ſoient juſqu'à préſent les plus ſatis-

---

(1) J'ai fait voir ailleurs, (*Criſtall. Introd. p.* 14 *& ſuiv.*)
que ces grandes diviſions ſont artificielles, & propres ſeule-
ment à mettre un certain ordre dans les connoiſſances que nous
nous propoſons d'acquérir des ſubſtances minérales, par la
raiſon que la PIERRE la plus dure, la plus inſoluble & la
plus réfractaire, le SOUFRE le plus ſubtil ou le plus inflammable, enfin le MÉTAL ou le MINÉRAL le plus compoſé, ſont tous le produit de deux ou de pluſieurs principes
acides, aqueux, phlogiſtiques ou *terreux*, leſquels ſont unis,
combinés & ſaturés réciproquement à la manière des SELS
neutres ou moyens, ſans qu'il ſoit poſſible d'aſſigner dans ces
divers compoſés & ſurcompoſés, d'autre différence eſſentielle
ou primitive que celle qui doit néceſſairement réſulter de chaque
combinaiſon.

faifantes & les plus faciles à faifir. Mon deffein
n'eft point d'examiner ici les fubdivifions plus ou
moins nombreufes qui ont été faites de la première
& des deux dernières de ces claffes principales.
Les *fels* & les *foufres* font à peu près connus, par
la facilité avec laquelle ils fe prêtent à la défu-
nion de leurs principes conftituans. On en peut
dire autant des fubftances *métalliques* & *demi-métalliques*, foit que ces fubftances foient pures ou
minéralifées. Nous les connoiffons jufqu'à un certain point par la *voie humide* ou par la *voie feche*,
puifqu'elles ne nous laiffent ignorer que la nature
ou la modification particulière du principe terreux
qui leur fert de bafe, & que, dans celles où ce
principe terreux peut être féparé de fon principe
inflammable ou *métallifant*, nous fommes toujours les maîtres de reftituer l'un à l'autre par les
divers procédés que la chimie nous indique.

Mais fi les *fels*, les *foufres* & les *métaux*
éprouvent une action plus ou moins puiffante &
immédiate de la part de nos agens chimiques,
il n'en eft pas de même d'un grand nombre de
fubftances pierreufes, qui jufqu'à préfent fe font
montrées rebelles à tous les efforts de l'art. Pour
les claffer, on a donc été réduit à certaines propriétés générales ou particulières, tirées foit de la
manière dont ces corps fe comportent dans le feu,
dans les acides & les autres menftrues chimiques,
foit de leurs divers dégrés de dureté, de denfité,

de tranſparence, & enfin de leur forme, de leur tiſſu, de leur grain, de leur couleur, &c. &c.

Ces différentes propriétés réunies, étoient ſans doute très-propres à établir des caractères ſpéci-fiques & individuels, ſur-tout dans les ſubſtances homogènes ; mais la plupart des Minéralogiſtes ayant établi leurs diviſions génériques ſur la con-ſidération de quelques-uns de ces caractères ex-cluſivement à tout autre ; ayant pris pour baſe de leur claſſification, tantôt les caractères chimiques, & tantôt l'un ou l'autre des caractères extérieurs, en négligeant même les primitifs ou fondamen-taux, pour ne s'attacher qu'aux plus accidentels & aux plus variables ; il en eſt réſulté une mul-titude de diſtributions méthodiques plus ou moins imparfaites, en raiſon du nombre & du choix des propriétés conſidérées comme diſtinctives dans les ſubſtances pierreuſes. Il ſuffira pour juſtifier ce que j'avance, de préſenter ici le tableau rapide & ſuccinct des différens ſyſtêmes lithologiques qui ont paru depuis 1730 juſqu'à préſent.

Bromel fut le premier des auteurs métho-diques (1), qui diviſa les pierres, d'après leur manière d'être lorſqu'on les ſoumet à l'action du feu, en *apyres* ou *ſubſiſtantes au feu*, en *calcaires* ou *calcinables*, & en *vitreſcibles* ou *vitrifiables*.

---

(1) Sa Minéralogie parut à Stockholm, en Suédois & en Allemand, 1730, in-8°.

Cette division, uniquement fondée fur un caractère chimique, fut adoptée par LINNÉ, en 1736 (1), par CRAMER, en 1739 (2), & par WALLERIUS, en 1747 (4); mais elle est défectueuse en ce que le grès, le caillou, le quartz & le criftal de roche, qu'on y donne, conjointement avec les gemmes & le fpath fluor, pour des fubftances vitrifiables, ne le font point par elles-mêmes, & qu'elles font au contraire plus *fubfiftantes au feu* que l'amiante, l'asbefte & la pierre ollaire; tandis que le fpath calcaire & le gypfe, quoique calcinables dans le feu, different entre eux à tout autre égard, & encore plus du fchifte qu'on leur affocie, puifque ce dernier s'y change en une matière fpongieufe & fcoriforme qui n'eft ni *chaux*, ni *plâtre*, mais plutôt une forte de vitrification.

Le célèbre LINNÉ, loin de remédier à cette confufion, ne fit que l'augmenter en rangeant dans la claffe des *fels*, les fubftances pierreufes où il avoit reconnu des formes criftallines analogues à celles du *natron*, du *nitre*, du *fel marin*, de l'*alun*, du *vitriol*, & du *borax*. Cette confufion étoit d'autant plus grande, que non-feu-

---

(1) Car. Linnæi Syftema Naturæ; *Lugd. Batav.* 1736, 1748.

(2) J. Andr. Cramer, Elementa artis Docimafticæ; *Lugd. Batav.* 1739, in-8°.

(3) J. Gott. Wallerii Mineralogia, *Stockh.* 1747.

lement il rapportoit à des classes différentes des pierres intrinséquement semblables, quant à leurs principes constituans, mais encore en ce qu'il réunissoit dans un même genre des substances qui n'avoient rien de commun entre elles, que la seule forme cristalline. Il est véritablement fâcheux que ce grand homme, auquel l'Histoire naturelle & la Cristallographie en particulier ont tant d'obligation, n'ait pas vu que la forme cristalline seule ne suffisoit pas pour établir le caractère générique ou spécifique des substances du règne minéral, & qu'il ait ainsi prévenu contre ces mêmes formes cristallines les esprits qui auroient sans doute été les plus disposés à les admettre, si l'on n'en eût point fait un pareil abus.

WOLTERSDORFF en 1748 (1), & GELLERT en 1750 (2), divisèrent les pierres en *vitreuses* ou *vitrifiables*, *argileuses*, *gypseuses* & *calcaires*; c'est-à-dire qu'ils ajoutèrent une division aux trois précédemment reçues, en changeant le nom d'*apyres* en *argileuses*, & en distinguant les gypses des substances alkalines ou calcaires. Mais le spath pesant, sous le nom de *spath gypseux*, n'y faisoit encore qu'un seul genre avec le gypse proprement dit, tandis que le spath fluor, avec les

---

(1) Systema minerale ; *Berolini*, 1748, in-8°.
(2) Elémens de Chimie métallurgique ; *Leipzig*. 1750, in-8° en Allemand & traduit depuis en François.

gemmes & le quarrz ou criſtal de roche, con-
tinuoient d'y être confondus ſous le faux titre de
vitrifiables.

En 1755 parut le ſyſtême de CARTHEUSER (1),
le premier qui tira ſes diviſions des caractères extérieurs & ſenſibles des ſubſtances pierreuſes ; mais
ces caractères ne pouvoient être plus mal choiſis,
puiſqu'au lieu de faire concourir la *forme criſtalline* avec la *peſanteur* & la *dureté ſpécifiques*, il
ne s'arrêta qu'au ſimple tiſſu, d'après lequel il
diviſa les pierres en *lamelleuſes*, *fibreuſes*, *ſolides*
& *grenues*. Ainſi l'on vit pour la première fois le
ſpath réuni avec le talc & le mica ; l'amiante &
l'asbeſte avec le gypſe ſtrié ; le filex & le quartz
avec la pierre à chaux ; le gypſe informe & la
ſtéatite ; enfin le grès avec le jaſpe, qui n'eſt rien
moins que grenu.

Une auſſi mauvaiſe diſtribution n'étoit pas
propre à juſtifier l'uſage des caractères extérieurs,
& celle que M. de JUSTI publia deux ans après (2),
ſans être moins défectueuſe, étoit encore plus
ridicule. Après avoir fait une ſection pour les
criſtaux quartzeux, ſpathiques & gypſeux, il eut
la maladreſſe de réunir, ſous le nom de *pierres*

_____

(1) Elementa Mineralogiæ ſyſtematicè diſpoſitæ ; *Francof.
ad Viadr.* 1755, in-8.

(2) Sa Minéralogie parut en Allemand à Gottingue, 1757,
in-8.

nobles, le diamant & les gemmes à l'améthifte, à la turquoife, & à l'opale : fous celui de *pierres demi-nobles*, il comprit le criftal de roche, la cornaline, l'agate, la malachite & le lapis-lazuli. Les *apyres ignobles* renferment le mica, le talc, la molybdène, la ftéatite, la pierre cornée, le jafpe & l'asbefte. Viennent enfuite le marbre, le gypfe & le fpath, qui conftituent le genre *calcaire* ; & le genre *vitrifiable* eft à fon tour compofé du grès, du quartz, du filex, du fchifte, de la ferpentine, du granite, &c.

Les défauts d'une telle diftribution font trop palpables pour que je m'arrête à les relever : celle que LEHMAN efquiffa vers le même temps, dans fon *Art des mines* (1), n'eft guère plus fatisfaifante. A l'exception des *pierres gypfeufes*, qui formeroient une divifion naturelle, fi les *fpaths gypfeux*, connus depuis fous le nom de fpath pefant, n'y étoient pas compris, toutes les autres pierres y font diftribuées d'après un feul de leurs caractères extérieurs ; 1°. en *fufceptibles du poli*, qui font elles-mêmes fubdivifées d'après leur tranfparence plus ou moins parfaite, ou leur opacité : 2°. en grès ou *pierres fablonneufes* : 3°. les *feuilletées* : 4°. enfin les *figurées*. On fent combien

---

(1) La traduction françoife de cet ouvrage parut avec divers autres traités du même auteur réunis en 3 vol. in-12, *Paris*, 1759.

de telles divifions font vagues & arbitraires, auffi furent-elles oubliées, dès que le célèbre CRONS- TEDT, alors caché fous le voile de l'anonyme, eut publié fon excellente Minéralogie (1), fondée prefque entièrement fur l'analyfe chimique.

Quoique cet habile Minéralogifte n'ait pas cru devoir s'arrêter aux caraĉères extérieurs tirés de la forme criftalline, parce qu'alors on ignoroit la conftance invariable des angles dans chaque efpèce, il faut néanmoins convenir qu'en faifant concourir les autres caraĉères extérieurs avec les propriétés que l'analyfe lui avoit fait reconnoître dans les fubftances pierreufes; il en a fait une diftribution plus précife & beaucoup plus naturelle qu'aucune de celles qu'on avoit vues jufqu'alors.

Ses neuf ordres ou genres de terres ou pierres fimples font : Iº. la *calcaire*, qui comprend la félénite ou pierre gypfeufe, & le fpath pefant, encore peu connu à cette époque : IIº. la *filiceufe*, qui renferme le diamant & les gemmes, le quartz ou criftal de roche, le caillou, le jafpe & le feld- fpath : IIIº. les *grenatiques*, où les fchorls font compris : IVº. les terres & pierres *argileufes*, telles que les oliaires, ftéatites, ferpentines, &c. : Vº. les *micacées* : VIº. les *fluors*, ou fpath fufible : VIIº. les

_____

(1) Elle parut en Suédois, (*Stockholm*, 1758, in-8.) & a été traduite plufieurs fois tant en Allemand, qu'en Anglois & en François.

asbeftines,

asbestines, ou amiante : VIII°. la *zéolite* & le *lapis* :
IX°. enfin la *manganaise* & le *wolfram*. On ne
peut guère reprocher à cette distribution que la
réunion du spath pesant avec la sélénite, ainsi que
celle des gemmes & du feld-spath avec le quartz.
La manganaise & le wolfram sont aussi des substances très-différentes entre elles, & qui d'ailleurs
tiennent moins aux pierres qu'aux substances métalliques.

Le système de VOGEL, qui parut en 1762 (1),
offre une division méthodique des pierres bien
inférieure à celle de Cronstedt. Des douze genres
ou sections qui la composent, cinq ne renferment
que des pierres mélangées ; telles sont les *mar-*
neuses, les *schisteuses*, les *salines*, les *métalliques*
& les *roches* : quatre autres genres paroissent
établis sur des propriétés reconnues par l'analyse ;
telles sont les *argileuses*, les *calcaires*, les *sélé-*
nitiques & les *fusibles* : la dureté seule ou le tissu
servent de base à trois autres divisions qui sont
les *scintillantes*, les *fibreuses* & les *feuilletées* ;
enfin la tourmaline y forme une treizième & dernière division, sous le nom de *pierres nouvelles*.
On ne doit pas s'étonner de voir dans un pareil
système, les gemmes, les schorls & les grenats,

_____

(1) En Allemand sous le titre de *Mineral System*. Leipsig,
1762, in-8.

E

réunis avec le grès, le quartz & le filex; le mica avec les fpaths & la blende; la pierre ponce avec la zéolite.

Cette confusion ne fit qu'augmenter, lorfque BAUMER en 1763 (1), & M. VALMONT DE BOMARE en 1764 (2), réduifirent toutes les pierres fimples aux quatre divifions fuivantes; les *argileufes*, les *calcaires*, les *gypfeufes*, & les *vitreufes* ou *ignefcentes*. Alors il fallut bien placer la pierre de Bologne, & même le fpath fufible avec les gypfes; ainfi que les gemmes, le grenat, le fchorl, & même le feld-fpath avec les quartz. Toutes ces pierres, prétendues vitreufes, font en effet *fcintillantes fous le briquet*, mais il s'en faut bien qu'elles le foient toutes au même dégré. Ce caractère extérieur, confidéré feul, devoit donc néceffairement opérer la réunion de fubftances très-différentes entre elles.

Dans la douzième édition du *Syftema Naturæ*, qui parut en 1768, LINNÉ fit quelques changemens à fa diftribution méthodique des pierres qui ne lui avoient point préfenté de formes criftallines déterminées. Il laiffa fubfifter le genre des pierres *calcaires* en y comprenant le gypfe &

(1) L'édition allemande de fa Minéralogie parut à Gotha en 1763 & 1764, deux volumes in-8.

(2) Minéralogie ou Nouvelle Expofition du règne minéral. *Paris*, 1762 & 1764, deux volumes in-8.

l'albâtre gypfeux ; mais les *vitrifiables* & les *apyres* furent remplacées par trois nouvelles divifions qu'il nomma *pierres terreufes*, *argileufes* & *fablonneufes*. Le défaut effentiel de fon premier fyftème fut malheureufement confervé dans celui-ci, par la diftribution qu'il continua de faire des pierres à facettes planes déterminées, dans le genre des fels dont elles imitoient la figure.

Un Chimifte François, M. BUCQUET, fit paroître, en 1771, une *Introduction à l'étude des corps naturels tirés du règne minéral*, dans laquelle il conferva l'ancienne divifion des pierres, en *vitreufes*, *calcaires* & *argileufes*, en y en ajoutant une nouvelle qu'il nomma *pierres de roche*. On trouve réunis dans cette dernière, le petrofilex, le feld-fpath, le trapp, le lapis-lazuli & le fchorl, avec les porphyres, granites & poudings. La zéolite y accompagne les *pierres argileufes*, tandis que le diamant & les gemmes viennent fe placer avec le quartz & le caillou dans le genre des *pierres vitreufes*. Mais ce Chimifte eft le premier qui ait ofé renvoyer à la claffe des SELS, la félénite & les gypfes mêmes les plus groffiers. Il eft fâcheux qu'ils s'y trouvent confondus fous le nom de *vitriol de craie*, qui leur appartient exclufivement, avec le fpath vitreux cubique & la pierre de Bologne, qui font des fels infolubles dans l'eau très-différents de la félénite, foit par l'acide, foit par le principe terreux qui leur fert de bafe.

Mon ESSAI DE CRISTALLOGRAPHIE, qui parut l'année suivante, divisa les cristaux pierreux en huit genres ou sections, qui sont : I°. le spath calcaire : II°. la sélénite ou gypse : III°. le spath fusible ou vitreux : IV°. le mica : V°. le quartz ou cristal de roche : VI°. les cristaux-gemmes : VII°. les cristaux basaltiques ou les schorls, tourmalines & grenat : VIII°. enfin la zéolite. Dans cette distribution le spath pesant & le spath perlé se trouvent mal à propos confondus avec le spath fusible ; le feld-spath avec les quartz ; les basaltes en colonnes avec les schorls ; mais je crois être le premier qui ait fait du diamant & des autres cristaux-gemmes, un genre différent de celui des quartz ou pierres siliceuses : & cette division, sans en excepter celle du célèbre Cronstedt, étoit, non la plus complette, mais la moins défectueuse qui eût encore paru, puisque cet habile Chimiste avoit non-seulement confondu le spath pesant avec les gypses, mais encore le feld-spath, le diamant & les gemmes, avec les pierres siliceuses.

La réunion de ces dernières substances en un seul genre, fut reproduite, cette année même, par M. le chevalier DE BORN, qui (1), divisant toutes les terres & pierres en *calcaires, vitrescentes* &

_____

(1) Lithophylacium Bornianum, seu Index Fossilium ; *Prague*, 1772, in-8.

apyres, ainsi que l'avoient fait Bromel & les premiers Auteurs méthodistes, fut contraint de ranger la sélénite avec le spath pesant dans le genre *calcaire* ; le diamant, les gemmes, le schorl & le feld-spath, dans le genre *vitrifiable* ou *siliceux* ; & enfin le mica, le fluor minéral ou spath fusible, la zéolite, la tourmaline, la manganaise, & le wolfram, dans le genre des *pierres apyres* ; distribution de beaucoup inférieure à celle de Cronstedt, que cet habile Minéralogiste Allemand s'étoit proposé pour modèle.

La *Minéralogie systématique* de M. SCOPOLI (1), qui parut à la même époque, apporta peu de changement à cette classification des substances pierreuses. Non-seulement le spath pesant, mais encore le spath fluor, y furent rapportés au genre *siliceux*. On y fit de plus un nouveau genre des *terres & pierres impures*, où vinrent se ranger la zéolite, le lapis-lazuli, la marne, le bol, le schorl & la manganaise.

Dans ce même temps, le docteur HILL fit paroître à Londres une *Distribution méthodique des fossiles* (2), d'après leurs caractères extérieurs, où les pierres douées d'une forme cristalline dé-

---

(1) J. Ant. Scopoli Principia Mineralogiæ systematicæ & practicæ ; *Vetero Pragæ*, 1772, in-8.

(2) Fossils arranged according to their obvious characters ; *London*, 1772, in-8.

terminée, constituent sept genres ou sections,
qui sont : I°. le talc & le mica, y compris la
molybdène, la stéatite, les serpentines & pierres
ollaires : II°. les sélénites ou gypses, y compris
le spath pesant ou pierre de Bologne : III°. le
spath calcaire, où sont admis le feld-spath & le
spath fusible : IV°. le cristal de roche & le quartz:
V°. les gemmes, y compris le diamant, le grenat
& la tourmaline : VI°. les schorls, avec les basaltes en colonnes & la zéolite : VII°. l'asbeste
& l'amiante. A l'égard des pierres en masses in-
formes, le docteur Hill en fait un ordre différent,
sous le nom de *fossiles composés* ; & il partage
cet ordre en quatre sections, dans la première
desquelles on trouve l'opale, les agates, les
jaspes & le caillou ; dans la seconde, ce sont les
ardoises, les schistes & les grès ; dans la troi-
sième, les pierres à chaux, les marbres, ainsi que
les granites & porphyres ; dans la quatrième enfin,
se trouvent les roches feuilletées, les brèches &
les pouddings. Le principal défaut de cette distribution est d'avoir rangé parmi les pierres com-
posées plusieurs pierres qui ne diffèrent de celles
que l'Auteur appelle *simples*, que par la privation
d'une forme cristalline à facettes planes déterminées.

Le célèbre WALLERIUS, profitant des décou-
vertes qui s'étoient faites en Lithologie, depuis
la première édition de sa Minéralogie, en fit

paroître alors une nouvelle édition (1), confidérablement augmentée & enrichie de notes favantes, qui en feront toujours un ouvrage des plus eftimables & des plus curieux. L'ancienne diftribution des pierres en *calcaires*, *vitrefcibles* & *apyres*, s'y trouve augmentée d'un nouvel ordre qui comprend les pierres *fufibles*. Ce nouvel ordre dont on fentoit depuis long-temps la néceffité, réunit donc les pierres bafaltiques ou fchorliques, les zéolites, le lapis-lazuli, la tourmaline, la manganaife, le wolfram, l'ardoife, le fchifte, les pierres marneufes, & les roches de corne. Si l'on voit avec peine dans ce dernier ordre des fubftances qui n'ont rien de commun entre elles que la fufibilité fans intermède, on n'eft pas moins étonné de retrouver dans celui des fubftances *calcaires*, les gypfes confondus avec la pierre de Bologne & les fpaths gypfeux: d'y retrouver même le fluor minéral ou fpath fufible dont Cronftedt avoit fait avec raifon un genre à part. L'ordre des pierres *vitrefcibles* vient encore nous préfenter les grès fuivis du feld-fpath, & le quartz ou criftal de roche fuivi du diamant, des gemmes & du grenat, quoique ce dernier eût dû trouver fa place dans l'ordre des pierres fufibles : enfin l'ordre

---

(1) Syftema Mineralogicum ; *Holmiæ*, 1772, in-8 ; le fecond volume ne vit le jour qu'en 1778.

des pierres *apyres* offre le mica, le talc & autres
subfiances argileufes qui font aujourd'hui connues,
d'après les expériences de M. de Sauffure, pour
ne point réfister à un dégré de feu d'une certaine
intenfité. Il eft donc bien démontré que les divifions génériques fondées fur les propriétés que
manifeftent les pierres lorfqu'on les expofe au
feu, obligent de raffembler fous un même point
de vue des fubfiances qui diffèrent entre elles à
tout autre égard, fans parler de l'abus qui a fait
donner le nom de *vitrefcibles* à des fubfiances qui,
feules & fans addition, réfiftent au feu le plus
violent de nos fourneaux, tandis qu'on nomme
apyres ou *réfractaires*, celles qui ne font telles
qu'à un médiocre dégré de chaleur (1).

Tel étoit l'état de la Lithologie, lorfqu'en 1777
M. SAGE publia la feconde édition (2) de fes

_____

(1) M. WERNER, favant profeffeur de Minéralogie, &
Infpecteur de l'Académie des Mines de Freyberg. en Saxe,
publia en 1773 un traité en langue allemande *fur les caractères
extérieurs des foffiles.* Je n'ai point vu ce traité : M. Mongez
le jeune dit que le fyftéme de M. Werner eft totalement fondé
fur les caractères apparens aux cinq fens : « mais, ajoûte-t-il,
» il eft fi compliqué qu'il ne peut être d'aucun ufage : fouvent
» en multipliant les caractères, bien loin de répandre la clarté,
» on augmente l'obfcurité que l'on cherche à diffiper. Cet Au-
» teur, par exemple, compte pour caractères diftinctifs, la
» couleur, dont il donne 54 variétés ; la *fracture*, qui lui en
» fournit 21, &c. &c. « *Manuel du Minéralogifte.* p. xxxiv.

(2) *Paris, Imprim. Roy.* deux volumes in-8. La première eft
en un feul volume *in-8, Paris,* 1772.

Elémens de Minéralogie docimaſtique. Cet habile
& profond Chimiſte, d'après les principes conſtituans qu'il a cru devoir adopter & conclure de ſes
propres analyſes, y diſtribue les pierres ſimples ou
non mélangées, en cinq grandes ſections, dont la
premicre, ſous le titre de *Combinaiſons de l'acide
phoſphorique avec la terre abſorbante*, comprend
la pierre à chaux, le marbre, le ſpath calcaire,
& le ſpath fuſible ou vitreux. La ſeconde, ſous
le titre de *Combinaiſons de l'acide vitriolique avec
le terre calcaire*, renferme le ſpath peſant ou ſé-
léniteux, le ſchiſte, l'ardoiſe, la pierre ollaire,
la ſtéatite & le mica. La troiſième, ſous le titre
de *Combinaiſons de l'acide phoſphorique avec l'alkali fixe*, nous préſente les ſchorls & grenat, la
tourmaline, les baſaltes en colonnes, l'amiante,
l'asbeſte, le diamant, les gemmes & le jade. La
quatrième, ſous le titre de *Combinaiſons de l'acide
vitriolique avec la terre abſorbante*, renferme la ſélénite & autres pierres gypſeuſes. La cinquième,
ſous le titre de *Combinaiſons de l'acide vitriolique
avec l'alkali fixe*, comprend le quartz & le criſtal
de roche, les cailloux, agates, jaſpes & le feld-
ſpath. Enfin la zéolite & le lapis-lazuli forment
un genre particulier dont M. Sage ne détermine
point la combinaiſon. Sans examiner juſqu'à quel
point les analyſes & les expériences de ce célèbre académicien juſtifient ſa théorie, je me
contenterai d'obſerver ici que les baſaltes en co-

lonnes, le diamant, & les gemmes inaltérables au feu, admettent certainement dans leur compofition des principes différens de ceux qui conftituent le fchorl, la tourmaline & le grenat; que le feld-fpath, d'après fa forme criftalline, fa pefanteur & fa dureté fpécifiques, doit conftituer une efpèce particulière; que le fpath pefant ou féléniteux, ne peut être compris dans un même genre avec la pierre ollaire, le fchifte & le mica; enfin, que le fpath fufible conftitue une efpèce très-diftinfte du fpath calcaire, malgré l'identité de la bafe terreufe qui s'y rencontre. Auffi M. Sage a-t-il fait lui-même des changemens confidérables à cette diftribution, dans la nouvelle édition qu'il nous prépare de fon iyftême minéralogique.

M. MONNET, dans un *nouveau Syftême de Minéralogie* qu'il rendit public en 1779, a fuivi de très-près la diftribution méthodique des pierres du célèbre Cronftedt. Il en admet 97 efpèces, qu'il a diftribuées dans les vingt genres fuivans.

I. Terres & pierres calcaires pures.

II. Terres calcaires impures ou mélangées.

marnes

III. Terre calcaire folidifiée avec le quartz.

tuf

IV. Terre calcaire combinée avec le foufre.

fpath pefant

V. Terres argileufes.

VI. Argiles sèches, bols, tripoli.

VII. Ardoise, schiste, basalte en colonnes, schorl prismatique.

VIII. Pierre alumineuse de la Tolfa.

IX. Schiste alumineux.

X. Pierre ollaire, stéatite, serpentine.

XI. Talc, mica, molybdène, asbeste, amiante.

XII. Feld-spath.

XIII. Pisolite.

XIV. Zéolite, lapis-lazuli.

XV. Spath fusible ou fluor.

XVI. Manganaise.

XVII. Pierre ou roche de corne, *horn-blende*, schorl lamelleux.

XVIII. Caillou, agate, jade, jaspe.

XIX. Quartz, cristal de roche, grès.

XX. Diamant, gemmes, grenat, tourmaline.

De ces vingt genres il y en a dix au moins qui appartiennent à des pierres impures ou mélangées de substances des dix autres genres.

Un autre Chimiste François, M. de FOURCROY, publia en 1782 des *Leçons élémentaires d'Histoire naturelle & de Chimie*, où les pierres & terres simples sont distribuées en *vitreuses*, *argileuses* & *fausses argiles*. La première de ces divisions présente le cristal de roche suivi des gemmes réfractaires & de l'améthiste, tandis que le quartz forme avec les topazes de Saxe & du Brésil, suivis des cailloux, agates, jaspes, & grès, une sub division qui prend le nom de *pierres quartzeuses*. La deuxième division qui eft celle des terres & pierres *argileufes*, joint aux argiles fecondaires ou de tranfport, les ardoifes, les fchiftes, & le feld-fpath. Sous la dénomination de *fauffes argiles*, l'Auteur comprend les ftéatites, ferpentines & pierres ollaires, le jade, la plombagine, la molybdène, le talc, le mica, l'amiante, l'asbefte, & généralement toutes les pierres argileufes qui appartiennent aux roches primitives du fecond ordre. Enfin il regarde comme des terres & pierres *compofées*, non-feulement les ocres, la macle de Bretagne & le trapp des Suédois, mais encore les zéolites, le fchorl, la tourmaline, les gemmes fufibles fans addition, le grenat & les criftaux de volcans. Ce n'eft point parmi les pierres, mais dans la claffe des SELS, qu'il a rangé la félénite & les autres pierres gypfeufes, ainfi que le fpath calcaire, le marbre, le fpath fluor, & le fpath pefant. On ne peut difconvenir que ces dernières fubftances ne foient avec raifon confidérées comme des combinaifons falines proprement dites; mais toutes, à l'exception de la félénite ou gypfe, étant infolubles dans l'eau, on ne voit pas pourquoi elles fe trouvent au nombre des fels, piutôt que le criftal de roche, les gemmes, le fchorl, la tourmaline & les autres fels-pierres également infolubles dans l'eau.

On doit à M. FERBER, célèbre profeffeur de

Chimie à Mittaw, la rédaction & la publication du syftême minéralogique de l'illuftre BERGMAN. Ce fyftême, uniquemement fondé fur l'analyfe chimique, parut en 1782, fous le titre de *Sciagraphia regni mineralis* (1). Les pierres y font diftribuées en cinq genres ou fections qui portent le nom du principe terreux le plus effentiel aux fubftances pierreufes qui y font comprifes. Ainfi, dans ce fyftême, la *terre pefante* ne préfente qu'une feule combinaifon pierreufe homogène, qui eft le fpath pefant. La *chaux* comprend le fpath calcaire, le fpath fluor, le *tungften* ou pierre pefante, &c.; (le gypfe ou félénite, à raifon de fa folubilité dans l'eau, étant claffé parmi les fels moyens terreux). La *magnéfie*, qui eft la troifième terre fimple de M. Bergman, préfente les ftéatites, ferpentines & pierres ollaires, l'asbefte, l'amiante & certains fchiftes. L'*argile*, ou *terre alumineufe*, offre non-feulement les bols & autres argiles de tranfport, mais encore les gemmes réfractaires, le grenat, le fchorl, la tourmaline, l'émeraude du Bréfil, la zéolite & le mica. Enfin la *terre filiceufe*, comprend le quartz ou criftal de roche, les agates, le caillou, le jafpe, le petrofilex & le feld-fpath. Quant au diamant, il

---

(1) M. Mongez le jeune vient de le traduire en françois, avec des augmentations confidérables, fous le titre de *Manuel du Minéralogifte*, &c.; *Paris*, 1784, in-8.

forme un genre particulier dans la classe des bitumes ou substances phlogistiquées.

M. KIRWAN, en adoptant ces cinq genres fondamentaux de M. Bergman, a fait quelques changemens à cette distribution dans les *Elémens de Minéralogie* qu'il a publiés à Londres cette année. Le *genre calcaire* marche le premier, & contient de plus le gypse ou sélénite que M. Bergman avoit relégué dans la classe des sels. Vient ensuite le *genre barotique*, ou de la terre pesante ; puis le *genre muriatique*, ou de la *magnésie*, lequel renferme les mêmes substances que M. Bergman y avoit comprises, mais de plus le talc & le mica rapportés au seul genre argileux par le Chimiste Suédois. M. Kirwan a de plus retranché de ce même *genre argileux*, les gemmes, le grenat, le schorl & la tourmaline, pour les introduire dans le *genre siliceux*, avec le lapis-lazuli, le trapp, les laves, la pierre-ponce & l'agate noire d'Islande, qui n'est autre chose qu'un émail ou verre de volcan ; mais toutes ces substances, j'ose le dire, sont aussi déplacées dans le genre du cristal de roche, qu'elles l'étoient dans celui de l'argile ou terre alumineuse.

Cette même année, 1784, vient de voir éclore un nouveau systême de Minéralogie dans le *Tableau méthodique des minéraux suivant leurs différentes natures*, par M. DAUBENTON, de l'Académie Royale des Sciences. Le premier ordre de ce tableau contient les fables, terres & pierres, & ces fubftances y font diftribuées par claffes, genres, fortes & variétés. Les caractères CLAS-SIQUES y font tirés de la dureté fuffifante pour donner ou non des étincelles par le choc du briquet, & de l'effervefcence ou non effervefcence avec les acides. Les GENRES ont pour caractères diftinctifs la caffure ou le tiffu, quelquefois la tranfparence ou l'opacité, &c. Les SORTES font déterminées, tantôt par les couleurs, tantôt par le grain, la caffure, le tiffu, la furface, la tranf-parence, l'opacité ; & enfin ces mêmes propriétés, ou bien la forme criftalline, lorfqu'elle fe pré-fente, diftinguent les VARIÉTÉS.

On voit qu'il ne peut être queftion d'ESPÈCES proprement dites, dans un pareil fyftême, puifque ces efpèces ne peuvent être affignées que d'après les caractères réunis de la forme criftalline, de la pefanteur & de la dureté fpécifiques, carac-tères primitifs & invariables qui, dans les fub-rances pierreufes, ne peuvent être fuppléés par ceux que l'on tireroit du tiffu, de la tranfparence, propriétés très variables dans la même efpèce, comme je l'ai démontré précédemment. Auffi la claffe des *pierres fcintillantes*, offre-t-elle dans ce fyftême neuf genres de pierres plus ou moins dures, qui font : 1°. le quartz ou criftal de roche : 2°. les agates, le caillou, le jade & le petro-filex : 3°. les pierres meulières, les cailloux onyces

& les jaspes : 4°. le feld-spath que M. Daubenton décore du beau nom de *spath étincelant* : 5°. les cristaux-gemmes distingués par leurs couleurs : 6°. les gemmes tourmalines : 7° les tourmalines : 8°. les schorls : 9°. la pierre d'azur ou lapis-lazuli. La classe des pierres *non scintillantes* & *non effervescentes*, est composée de dix genres qui sont : 1°. les argiles & glaises : 2°. les schistes & ardoises : 3°. le talc ou mica : 4°. les stéatites & pierres ollaires : 5° les serpentines : 6° l'amiante & l'asbeste : 7°. la zéolite : 8°. le spath fluor : 9°. le spath pesant : 10°. le tungsten ou pierre pesante. La classe des pierres *effervescentes* ne contient que cinq genres, qui sont : 1°. les terres calcaires : 2°. les pierres à chaux : 3°. les marbres : 4°. le spath calcaire : 5°. les concrétions ou stalactites. A ces trois classes le célèbre Académicien en ajoute une pour les terres & pierres *mélangées ;* il renvoie le gypse ou pierre à plâtre, dans l'ordre des sels fossiles, & le diamant dans celui des substances combustibles.

Enfin M. SAGE , Professeur de l'Ecole Royale des Mines, donne dans sa *Chimie élémentaire*, actuellement sous presse , son premier système lithologique rectifié de la manière suivante :

I. Pierre calcaire.

II. Spath vitreux.

I. Gemme combustible ; *diamant.*

II. Gemmes inaltérables au feu ; *rubis*, *saphir*, *topaze d'Orient*, *chryſolite*, *béril*, *hyacinte*.

III. Gemmes altérables au feu ; *émeraude*, *topaze du Bréſil*, *jade*.

IV. Feld-ſpath.

V. Tourmaline.

VI. Asbeſte, amiante.

VII. Schorl.

VIII. Grenat.

IX. Schorl en roche.

I. Gypſe, ſélénite.

II. Spath peſant.

I. Quartz.

II. Criſtal de roche.

III. Aventurine.

IV. Grès.

V. Agate.

VI. Jaſpe.

I. Granite.

II. Granitoïde.

III. Roches compoſées.

IV. Brêche dure en jaſpe.

V. Poudings.

VI. Pierre ollaire.

VII. Stéatite.

VIII. Mica.

IX. Zéolite.

X. Argile.
XI. Ardoise.
XII. Terre végétale.

FIN.

FAUTES A CORRIGER.

Page 1, ligne 2 *de la note.* Profonde *lisez* profondes.
   24, ligne 21. *spécifiques* lisez *spécifiques.*
Tableau minéralogique, colonne D. ligne 2, DISSOOLUBLE;
   lisez DISSOLUBLE.

APPROBATION.

J'ai lu, par ordre de Monseigneur le Garde des Sceaux, la suite de la Criftallographie de M. DE ROMÉ DE L'ISLE, qui a pour titre : *Des Caractères extérieurs des Minéraux*, &c. & je n'y ai rien trouvé qui puiffe en empêcher l'impreffion.

A Paris, ce 20 Novembre 1784.

SAGE.

Le Privilège fe trouve au Tome premier de la Criftallographie.

TABLEAU LITHOLOGIQUE

OU DES SUBSTANCES PIERREUSES,

Pour servir de suite à la Cristallographie de M. DE ROMÉ DE L'ISLE, 1783.

GENRES artificiels.	DÉNOMINATIONS.	PRINCIPES CONSTITUANS.	PESANTEUR spécifique.	DURETÉ spécifique.	FORME CRISTALLINE PRIMITIVE.	PLANCHES de la Cristallographie.	PROPRIÉTÉS REMARQUABLES.	PIERRES qui y sont comprises.	LIEUX où on les trouve.	SUBSTANCES qui les accompagnent.
I.	SÉLÉNITE.	Sel neutre vitriolique, à base de terre absorbante.	23,140.	3.	Décaèdre rhomboïdal, dérivant d'un octaèdre qui a ses angles de 52° & 128°, & ses faces inclinées de 145° & 110°.	Pl. V, fig. 27 & suiv.	La plus légère de toutes les pierres; calcinée, elle devient plâtre, & ne s'échauffe point avec l'eau : ne fait point effervescence avec les acides.	Gypse ou pierre à plâtre. Albâtre gypseux. Gypse fibreux. Stalactite gypseuse. Terre ou poussière gypseuse.	Dans les terrains calcaires à couches horizontales, & dans les montagnes qui succèdent aux roches feuilletées du second ordre.	Elle avoisine le sel-gemme, les sources salées, les glaises, les marnes, & quelquefois le soufre.
II.	SPATH CALCAIRE.	Sel neutre, insoluble dans l'eau, résultant de la combinaison de l'acide méphitique avec la terre absorbante.	27,151.	6.	Dans le Cristal d'Islande, ou Spath calcaire primitif, c'est un parallélipipède rhomboïdal de 77° 30', & de 102° 30', ayant deux angles solides obtus diagonalement opposés, de 110°. Dans le Spath calcaire mariatique ou secondaire, c'est un parallélipipède rhomboïdal de 75° & 105°, ayant deux angles solides aigus diagonalement opposés, de 65°.	Pl. IV, fig. 1 & suiv. Pl. IV, fig. 45 & suiv.	Produit une double réfraction à travers, dans le sens de la grande diagonale des rhombes : fait effervescence avec les acides; calciné, devient chaux, qui s'échauffe avec l'eau. Il est douteux qu'il possède la double réfraction du précédent : ses propriétés dans le feu & les acides sont les mêmes : souvent il est phosphorique.	Marbre blanc. — gris. — noir. Stalactites & Stalagmites. Flos-ferri. Pierre puante hépatique. Albâtre calcaire ou Oriental. Incrustations & dépôts calcaires. Pisolites. Oolites. Pierre-porc bitumineuse.	Dans les montagnes primitives du second ordre, & dans les roches glanduleuses. Souvent par filons. Dans les montagnes à couches marines du second ordre, & dans les grottes qui s'y rencontrent.	Les stéatites, serpentines & pierres ollaires, les cristaux de fer octaèdres, le quartz, les schorls, grenats & mines de fer spathiques. Les coquilles & autres corps marins fossiles, les grès calcaires, les bitumes, les eaux thermales.
III.	SPATH PESANT ou SÉLÉNITEUX. Spath perlé.	Sel-pierre vitriolique à base de terre calcaire modifiée, désignée sous le nom de terre pesante. Sel-pierre à base de terre calcaire, moins modifiée que la précédente.	44,408. 28,378.	5. 6½.	Octaèdre rectangulaire dont les faces les plus inclinées donnent des angles de 77°, 103°, & les moins inclinés des angles de 73°, 105°. Parallélipipède rhomboïdal peu différent de celui du Cristal d'Islande, mais souvent curviligne.	Pl. III, fig. 13 & suiv. Pl. IV, fig. 1.	La plus pesante de toutes les pierres; calcinée, devient phosphorique, & est alors connue sous le nom de phosphore de Bologne. Fait une légère & tardive effervescence avec l'acide nitreux, & y laisse une tache immatte.	Pierre de Bologne. En Stalactites. Albâtre pesant. Cawk des Anglois. Mine de fer spathique ébauchée par la nature.	Dans les filons des mines métalliques. … les filons des mines métalliques.	Les mines de mercure en cinabre, les pyrites, le soufre, la galène, les mines d'antimoine, les schistes bitumineux. Les pyrites & marcassites, les spaths pesants, les mines de fer spathiques.

U LITHOLOGIQUE

SUBSTANCES PIERREUSES,

la Cristallographie de M. DE ROMÉ DE L'ISLE, 1783.

PLANCHES de la Cristallographie.	PROPRIÉTÉS REMARQUABLES.	PIERRES qui y font comprifes.	LIEUX où on les trouve.	SUBSTANCES qui les accompagnent.	OBSERVATIONS.
Pl. V, fig. 27 & fuiv.	La plus légère de toutes les pierres; calcinée, elle devient *plâtre*, & ne s'échauffe point avec l'eau : ne fait point effervefcence avec les acides.	Gypfe ou pierre à plâtre. Albâtre gypfeux. Gypfe fibreux. Stalactite gypfeufe. Terre ou pouffière gypfeufe.	Dans les terrains calcaires à couches horizontales, & dans les montagnes qui fuccèdent aux roches feuilletées du fecond ordre.	Elle avoifine le fel-gemme, les fources falées, les glaifes, les marnes, & quelfois le foufre.	L'analyfe nous a fait connoître les genres naturels de nos quatre premiers genres artificiels: ainfi, la *Selinite* conftitue l'efpèce 7 du genre des *Vitriols*. Voyez *Criftallographie*, vol. I, p. 321 & 441. La dureté fpécifique des pierres eft, à quelques légères différences près, évaluée d'après les expériences de M. *Quift*, *Mém. de l'Acad. de Stokholm*, année 1768; elles ne font pas d'une exactitude rigoureufe, & ne doivent être encore confidérées que comme une approximation.
Pl. IV, fig. 1 & fuiv.	Produit une double réfraction lorfqu'on regarde un objet à travers, dans le fens de la grande diagonale des rhombes : fait effervefcence avec les acides; calciné, devient *chaux*, qui s'échauffe avec l'eau.	Marbre blanc. —— gris. —— noir. Stalactites & Stalagmites. *Flos-ferri.* Pierre puante hépatique.	Dans les montagnes primitives ou fecond ordre, & dans les rochas glanduleufes. Souvent par filons.	Les ftéatites, ferpentines & pierres ollaires, les criftaux de fer octaëdres, le quartz, les fchorls, grenats & mines de fer fpathiques.	Le fpath calcaire primitif & fecondaire conftitue l'efpèce 5 du genre Méphitique, ainfi que l'analyfe nous l'a fait connoître. Voyez *Criftallographie*, vol. I, pag. 270 & 472.
Pl. IV, fig. 45 & fuiv.	Il eft douteux qu'il poffède la double réfraction du précédent : fes propriétés dans le feu & les acides font les mêmes : fouvent il eft phofphorique.	Albâtre calcaire ou Oriental. Incruftations & dépôts calcaires. Pifolites. Oolites. Pierre-porc bitumineufe.	Dans les montagnes à couches marines ou fecondaires, & dans les grottes qui s'y rencontrent.	Les coquilles & autres corps marins foffiles, les grès calcaires, les bitumes, les eaux thermales.	Les mines de fer fpathiques préfentent toujours la forme & les modifications du *Spath calcaire primitif*; du moins n'en ai-je point encore obfervé qui préfentaffent la forme & les modifications du *Spath calcaire muriatique* ou *fecondaire*.
Pl. III, fig. 53 & fuiv.	La plus pefante de toutes les pierres; calcinée, devient phofphorique, & eft alors connue fous le nom de *ph. f- phore de Bologne*.	Pierre de Bologne. En Stalactites. Albâtre pefant. *Cauk* des Anglois.	Dans les filons des mines métalliques.	Les mines de mercure en cinabre, les pyrites, le foufre, la galène, les mines d'antimoine, les fchiftes bitumineux.	Le fpath pefant conftitue l'efpèce 8 du genre des Vitriols, & ne diffère de la félénite; quant aux principes conftituans, que par fa bafe terreufe. Voyez *Criftallographie*, vol. I, p. 324 & 577.
Pl. IV, fig. 1.	Fait une légère & tardive effervefcence avec l'acide nitreux, qui y laiffe une tache	Mine de fer fpathique ébauchée par la nature.	Dans les filons des mines métalliques.	Les pyrites & marcaffites, les fpaths pefants, les mines de fer fpathiques.	Quoique le *Spath perlé* faffe, dans ma Criftallogr. l'efpèce 3 du genre artificiel des Spaths félénieux, il diffère effentiellement du *fpath pefant*, & doit être regardé comme un état intermédiaire entre le *fpath calcaire* & la mine de fer fpathique.

II.	SPATH CALCAIRE	Sel neutre insoluble dans l'eau, résultant de la combinaison de l'acide méphitique avec la terre absorbante.	27,151.	6.	Dans le *Cristal d'Islande*, ou *Spath calcaire primitif*, c'est un parall-pipéde rhomboï-dal de 77° 30', & de 105° 30', ayant deux angles solides obtus diagonalement opposés, de 110°.	Pl. IV, fig. 1 & suiv.	Produit une double réfraction du second ordre lorsqu'on regarde un objet à travers, dans le fond de la grande diagonale des rhom-bes : fait effervescence avec les acides ; calcinée, devient chaux, qui s'échauffe avec l'eau.	Marbre blanc. — gris. — noir. Stalactites & Stalagmites. *Flos-ferri.* Pierre puante hépatique.	Dans les montagnes primitives du second ordre, & dans les roches glanduleuses. Souvent par filons.	Les stéatites, serpentines & pierres ollaires, les cristaux de fer octaèdres, le quartz, les schorls, grenats & mines de fer spathiques.
					Dans le *Spath calcaire méta-statique ou fénardin*, c'est un parallélipipède rhomboïdal de 75° & 105°, ayant deux angles solides aigus diago-nalement opposés, de 65°.	Pl. IV, fig. 45 & suiv.	Il est douteux qu'il possède la double réfraction du pré-cédent : ses propriétés dans le feu & les acides sont les mêmes : souvent il est phosphorique.	Albâtre calcaire ou Oriental. Incrustations & dépôts cal-caires. Fistulites. Oolithes. Pierre-pore bitumineuse.	Dans les montagnes à cou-ches, marines ou secondai-res, & dans les grottes qui s'y rencontrent.	Les coquilles & autres corps marins fossiles, les grès cal-caires, les bitumes, les eaux thermales.
III.	SPATH PESANT ou SÉLÉNITEUX *Spath perlé*	Sel-pierre vitriolique à base de terre calcaire modi-fiée, désignée sous le nom de terre pesante.	44,408.	5.	Octaèdre rectangulaire dont les faces les plus inclinées donnent des angles de 77°, 103°, & les moins inclinées des angles de 75°, 105°.	Pl. III, fig. 53 & suiv.	La plus pesante de toutes les pierres ; calcinée, devient phosphorique, & est alors connue sous le nom de phos-phore de Bologne.	Pierre de Bologne. En Stalactites. Albâtre pesant. Cauk des Anglois.	Dans les filons des mines mé-talliques.	Les mines de mercure en cina-bre, les pyrites, le soufre, la galène, les mines d'anti-moine, les schistes bitumi-neux.
		Sel-pierre à base de terre calcaire, moins modifiée que la précédente.	28,378.	6¼.	Parallélipipède rhomboïdal, peu différent de celui du Cristal d'Islande, mais sou-vent curviligne.	Pl. IV, fig. 1.	Fait une légère & tardive effervescence avec l'acide ni-treux ; qui y laisse une tache jaunâtre.	Mine de fer spathique ébau-chée par la nature.	Dans les filons des mines mé-talliques.	Les pyrites & marcassites, les spaths pesants, les mines de fer spathiques.
IV.	SPATH FUSIBLE ou FLUOR	Sel-pierre, formé par l'union de l'acide fluorique avec la terre absorbante.	31,555.	7.	Le cube, & quelquefois l'oc-taèdre aluminiforme, qui est son inverse.	Pl. II, fig. 1 & Pl. III, fig. 1.	Infusible sans addition ; se dis-sout dans les acides sans ef-fervescence. Sa poudre est phosphorique sur les char-bons ardens.	Fausse Emeraude. Fausse Topaze. Fausse Amethiste. Faux Rubis. Faux Saphir. Albâtre vitreux.	Dans les filons des mines mé-talliques.	Avec les quarts, les pyrites, la blende, la galène, &c.
V.	ZÉOLITE	Sel-pierre, dont la nature est encore inconnue.	27,012.	8.	Le cube avec des modifications différentes de celui du Spath fusible.	Pl. II, fig. 1.	Se dissout sans effervescence dans l'acide nitreux, avec lequel elle forme une espèce de gelée. Fusible sans addi-tion.	Lapis-Lazuli, dont on ignore encore la position sur le globe.	La blanche se trouve dans les produits des anciens vol-cans sous-marins.	Les basaltes & laves poreuses, la calcédoine, le jaspe.
VI.	QUARTZ ou CRISTAL DE ROCHE	Ses principes constituans nous sont inconnus.	26,500.	11.	Dodécaèdre à plans triangu-laires isocèles, de 40° & 70°, inclinés de 51°, ce qui donne 104° à la rencontre des bases des deux pyrami-des hexaèdres, souvent avec un prisme intermédiaire, plus ou moins long, dont tous les angles sont de 120°.	Pl. VI, fig. 19 & suiv.	Fait feu avec le briquet : in-fusible & invariable sans addition : insoluble dans les acides, excepté, dit Berg-man, dans l'acide fluorique. Se fond aisément à l'aide de l'alkali fixe, du borax ou des chaux métalliques.	Outre le Cristal de roche & le quartz, on a le gris, le Silex, le Pétrosilex, l'Agate, la Calcédoine, la Cornaline, la Sardoine, l'Opale, la Chrysoprase, le Jaspe, l'Avanturine.	Dans les montagnes granitiques. Dans les filons & les géodes. Dans les couches tertiaires. Dans les bancs marneux. Dans les anciens produits vol-caniques d'Allem. d'Italie, de France, de Ferroë, &c. Dans les filons. Dans les montagnes primitives.	Feld-spath, schorl, mica, stéa-tite, &c. Souvent avec un gluten calcaire.

e, ou , c'eſt mbol- 103' es fe- ement	Pl. IV, fig. 1 & ſuiv.	Produit une double réfraction lorſqu'on regarde un objet à travers, dans le ſens de la grande diagonale des rhombes : fait effervefcence avec les acides ; calciné, devient *chaux*, qui s'échauffe avec l'eau.	Marbre blanc. — gris. — noît. Stalactites & Stalagmites. *Flos-ferri.* Pierre puante hépatique.	Dans les montagnes primitives du ſecond ordre, & dans les roches glanduleuſes. Souvent par filons.	Les ſtéatites, ſerpentines & pierres ollaires, les criſtaux de fer octaèdres, le quartz, les ſchorls, grenats & mines de fer ſpathiques.	
naria- eſt un poïdal deux lingo- e 65°.	Pl. IV, fig. 45 & ſuiv.	Il eſt douteux qu'il poſſède la double réfraction du précédent : ſes propriétés dans le feu & les acides ſont les mêmes : ſouvent il eſt phoſphorique.	Albâtre calcaire ou Oriental. Incruſtations & dépôts calcaires. Piſolites. Oolites. Pierre-porc bitumineuſe.	Dans les montagnes à couches marines ou ſecondaires, & dans les grottes qui s'y rencontrent.	Les coquilles & autres corps marins foſſiles, les grès calcaires, les bitumes, les eaux thermales.	Le ſpath calcaire primitif & ſecondaire conſtitue l'eſpèce 5 du genre Méphitique, ainſi que l'analyſe nous l'a fait connoître. Voyez *Criſtallographie*, vol. I, pag. 270 & ſuiv. Les mines de fer ſpathiques préſentent toujours la forme & les modifications du *Spath calcaire primitif* ; du moins n'en ai-je point encore obſervé qui préſentaſſent la forme & les modifications du *Spath calcaire muriatique* ou ſecondaire.
dont inées 77', inées ç°.	Pl. III, fig. 53 & ſuiv.	La plus peſante de toutes les pierres ; calcinée, devient phoſphorique, & eſt alors connue ſous le nom de *phoſphore de Bologne*.	Pierre de Bologne. En Stalactites. Albâtre peſant. *Cauk* des Anglois.	Dans les filons des mines métalliques.	Les mines de mercure en cinabre, les pyrites, le ſoufre, la galène, les mines d'antimoine, les ſchiſtes bitumineux.	Le ſpath peſant conſtitue l'eſpèce 8 du genre des Vitriols, & ne diffère de la ſélénite, quant aux principes conſtituans, que par ſa baſe terreuſe. Voyez *Criſtallographie*, vol. I, p. 324 & 577.
oïdal oui du is ſou-	Pl. IV, fig. 1.	Fait une légère & tardive effervefcence avec l'acide nitreux, qui y laiſſe une tache jaunâtre.	Mine de fer ſpathique ébauchée par la nature.	Dans les filons des mines métalliques.	Les pyrites & marcaſſites, les ſpaths peſants, les mines de fer ſpathiques.	Quoique le *Spath perlé* faſſe, dans ma Criſtallogr. l'eſpèce 3 du genre artificiel des Spaths ſéléniteux, il diffère eſſentiellement du *ſpath peſant*, & doit être regardé comme un état intermédiaire entre le *ſpath calcaire* & la mine de fer ſpathique.
l'oc- qui	Pl. II, fig. 1. & Pl. III, fig. 1.	Infuſible ſans addition ; ſe difſout ſans les acides ſans effervescence. Sa poudre eſt phoſphorique ſur les charbons ardens.	Fauſſe Émeraude. Fauſſe Topaze. Fauſſe Améthiſte. Faux Rubis. Faux Saphir. Albâtre vitreux.	Dans les filons des mines métalliques.	Avec les quartz, les pyrites la blende, la galène, &c.	C'eſt la dernière des ſubſtances pierreuſes qui nous ſoit connue par l'analyſe. Elle conſtitue l'eſpèce 4 du genre Fluorique. Voyez *Criſtallogr.* vol. I, p. 263, & vol. II, p. 1.
cations Spath	Pl. II, fig. 1.	Se diſſout ſans effervescence dans l'acide nitreux, avec lequel elle forme une eſpèce de gelée. Fuſible ſans addition.	*Lapis-lazuli*, dont on ignore encore la poſition ſur ce globe.	La blanche ſe trouve dans les produits des anciens volcans ſous-marins.	Les baſaltes & laves poreuſes, la calcédoine, le jaſpe.	L'analyſe y a fait trouver une baſe argileuſe, ſiliceuſe & calcaire ; mais on ignore encore le principe d'union de ces différentes terres. On n'obtient point d'eau par la diſtillation de la zéolite en cubes diaphanes : celle qui eſt opaque & d'un blanc mat, en fournit plus ou moins.
iangu- go° & ce qui acontre fertami- ent avec ire,plus nt tous- ion.	Pl. VI, fig. 19 & ſuiv.	Fait feu avec le briquet : infuſible & invitrifiable ſans addition : inſoluble dans les acides, excepté, dit Bergman, dans l'*acide fluorique*. Se fond aiſément à l'aide de l'alkali fixe, du borax ou des chaux métalliques.	Outre le Criſtal de roche & le quartz, on a le grès, le Silex, le Pétroſilex, l'Agate, la Calcédoine, la Cornaline, la Sardoine, l'Opale, la Chryſopraſe, le Jaſpe, l'Avanturine.	Dans les montagnes granitiques Dans les filons & les géodes. Dans les couches tertiaires. Dans les bancs marneux. Dans les anciens produits volcaniques d'Allem. d'Italie, de France, de Ferroë, &c. Dans les filons. Dans les montagnes primitives.	Feld-ſpath, ſchorl, mica, ſtéatite, &c. Souvent avec un gluten calcaire.	Le quartz pur ou mélangé eſt, parmi les ſubſtances pierreuſes, une des plus univerſellement répandues ſur notre globe. On trouve des criſtaux de roche très-homogènes dans des géodes marneuſes, de même que dans les géodes quartzeuſes il n'eſt pas rare de rencontrer de beaux criſtaux de *ſpath calcaire.* Voyez *Criſtallographie*, vol. II, p. 78 & 143.

GENRES artificiels.	DÉNOMINATIONS.	PRINCIPES CONSTITUANS.	PESANTEUR spécifique.	DURETÉ spécifique.	FORME CRISTALLINE PRIMITIVE.	PLANCHES de la Cristallographie.	PROPRIÉTÉS REMARQUABLES.	PIERRES qui y sont comprises.	LIEUX où on les trouve.	SUBSTANCES qui les accompagnent.	OBSERVATIONS.
	GEMMES DU I. ORDRE.										
	1. DIAMANT.	Inconnus.	35,212.	20.	Octaèdre alaminiforme, formé dans un dodécaèdre à plans rhombus & = 90° 110°.	Pl. III, fig. 1.	La plus dure de toutes les pierres. Se brûle & se volatilise à un certain degré de feu.	Diamant d'Orient, Diamant du Brésil. Diamant de couleur.	Dans les montagnes primitives du second Ordre.	La Silastre & les Argiles primitives.	La combustibilité du Diamant par le fère ...
	2. RUBIS D'ORIENT.	Inconnus.	42,833.	17.	Deux pyramides hexaèdres conjuguées dont l'angle ... Angle du sommet 90° à 91°.	Pl. VI, fig.	La plus pesante des gemmes ...	Saphir d'Orient. Saphir blanc. Topaze d'Orient.	Idem, au Pégou & en France.	Avec les Hyacintes & les Cristaux de fer octaédres.	Les deux pyramides hexagones ...
VII.	3. RUBIS SPINELL.	Inconnus.	3°,600.	15.	Octaèdre aluminiforme, 90° 110°.	Pl. III, fig. 1.	Brun, oblitte & resplendissant & jamais ensemble.	Identique avec le Rubis balais : quelquefois sans couleur.	A Ceylan dans les montagnes primitives du second Ordre.	Avec les Hyacintes & le Jargon de Ceylan.	Il peut s'en rencontrer de blancs, de jaunes ...
	4. TOPAZE DU BRÉSIL.	Inconnus.	35,365.	14.	Octaèdre rhomboïdal à plans triangulaires ... 110°.	Pl. V, fig. & suiv.	A un certain degré de feu la couleur passe de l'hexaèdre ...	Identique avec le Rubis du Brésil, le Saphir du Brésil & la Topaze blanche du Brésil. Chrysoprases du Brésil.	Dans les roches fissilières primitives du second Ordre.	Avec le Diamant, Péridot & Schorl ou Tourmaline ... du Brésil.	Ce qu'a ...
	5. ÉMÉRAUDE DU PÉROU.	Inconnus.	27,755.	12.	Prisme hexaèdre tronqué net à ses extrémités, 110°.	Pl. VI, fig. 18 100, &c.	Ne se vitrifie point, mais se fendille au feu. S'y fond par l'intermède de l'acide phosphorique animal.	Identique avec la Chrysolite de Brésil & avec l'Aigue-marine ou Béril de Sibérie, de base acide.	Dans les roches granitiques ...	Avec le Feld-Spath, Schorl & Mica, le Stannite ...	Celles qui sont mélangées de molécules hétérogènes ...
	6. TOPAZE DE SAXE.	Inconnus.	35,640.	13.	Octaèdre à plans rectangulaires à sommets contigus ... 92° & 122°.	Pl. III, fig.	Se change en émail blanc à un degré de feu très-violent.	Identique avec la Chrysolite de Saxe. Quelquefois blanche & sans couleur.	Dans les roches granitiques de Saxe & de ce Sublime.	Avec le Quarz & les Cristaux d'étain.	La Topaze de Saxe est souvent sans couleur & par ...
	7. CHRYSOLITE.	Inconnus.	10,989.	10.	Prisme hexaèdre, ou dodécaèdre par la troncature des arêtes, terminé par deux pyramides à plans triangulaires isocèles, de 30° & 122°, inclinés de 40°.	Pl. VI, fig. 15 & suiv.	Très-réfractaire. La silice du fer qui les colore fond longuement.	Chrysolite blanche. Chrysolite en grains.	En Espagne & en France dans les roches primitives & dans les brèches volcaniques.	Avec le Feld-Spath, le Quarz & le Mica.	M. Faujas de Saint-Fond en a trouvé d'altérées dans la lave volcanique ...
	8. HYACINTE.	Inconnus.	36,873.	13.	Dodécaèdre à plans rhombes, dont 8 arrêtes anglés de 73° 107°, & les 4 autres rhombes de 69° à 115°.	Pl. IV, fig. 112 & suiv.	Elle blanchit à un feu violent sans y perdre sa transparence, & se perce alors le nom de Jargon d'Hyacinte.	Souvent parait d'être identique avec le Jargon de Ceylan. La rouge prend le nom de Vermeille.	Dans les roches primitives du second Ordre. En France & dans les Indes Orientales.	Accompagne le Grenat, le Schorl, les Saphirs d'Orient, le Fer octaèdre.	
	GEMMES DU II. ORDRE.										
VIII.	1. GRENAT.	Inconnus.	41,888.	11.	Dodécaèdre à plans rhombes de 90° à 110°.	Pl. IV, fig. 106 & suiv.	Souvent semblable à l'aimant. Fusible sans addition.	Grenat trapézoïdal. Gris grenatique. Grenat blanc des volcans.	Dans les Granites, & plus fréquemment dans les roches feuilletées primitives du second ordre.	Le Feld-Spath, le Quarz, le Mica, le Schorl, les Stéatites & Serpentines.	Infusible lorsqu'il a perdu le fer auquel il doit sa couleur ...
	2. TOURMALINE ou SCHORL.	Inconnus.	30,541.	10.	Parallélipipède rhomboïdal très-comprimé à angle du sommet de 101° 79°, (ou d'autres disent 101° & 79° suivant la ligne oblique de 45°).	Pl. IV, fig. 89 & suiv.	La plus électrique de toutes les pierres. Varie beaucoup dans sa forme, & cristallise souvent en long prisme.	Le Péridot de Ceylan. L'Émeraude & les roches feuilletées primitives du Brésil. La Pierre de touche, le Puppg des Suédois.	Dans les Granites & les roches feuilletées primitives du second Ordre : souvent rejeté par les volcans.	Avec les schistamens précédentes, & les antiques produits des volcans.	Passe à l'état d'argile blanche comme le Grenat ... M. Hc... dans les Granites.
IX.	FELD-SPATH.	Inconnus.	24,712.	9.	Prisme tétraèdre rectangulaire ayant 2 plans parallèles, inclinés sur le prisme de 69°, & les angles obtus 115°.	Pl. IV, fig. 83 & suiv.	Tissu lamelleux, qui se rend chatoyant. Fusible sans addition. Essentielle dans le brillant ; mais moins que le quartz.	Pierreuy des Jésuites. Œil de chat. Pierre de Labrador.	Principale base des Granites. Disséminé dans les Porphyres & dans les roches fissilières.	Avec les composans du Granite, les feldspaths, les Stéatites & les produits des anciens volcans.	Passe en se décomposant à l'état d'argile blanche nommée Kaolin ...
	PIERRES ARGILEUSES.							Verte de Moscovie ou paillettes.	Dans les roches granitiques du ...	Avec les Grenats, Quarz ...	(*) On a trouvé depuis peu dans les roches granitiques ... une modification de cet hexagone régulier ...

4. Topaze du Brésil.	Inconnue.	35.763.	14.	Octaëdre rhomboïdal à plans triangulaires isocèles ; dont les pyramides sont séparées par un prisme rhomboïdal de 120° & 60°.	À un certain degré de feu se tendible au feu. S'y fond par l'intermède de l'acide phosphorique animal.	Identique avec le Rubis du Brésil, le Saphir du Brésil & la Topaze blanche du Brésil. Chrysoprase du Brésil.	Dans les roches feuilletées primitives du second Ordre, &c.	Avec le Diamant, l'Emeraude & Schorl ou Tourmaline noire du Brésil.
5. Emeraude du Pérou.	Inconnue.	27.753.		Prisme hexaëdre tronqué net à ses extrémités, 120°.	Ne se vitrifie point, mais se fendille au feu.	Identique avec la Chrysolite du Brésil &c.	Dans les roches granitiques d'Asie, d'Amérique, de Saxe & de France.	Avec le Fold-Spath, Schorl & Mica, le Spath calcaire primitif, la Stéatite, &c.
6. Topaze de Saxe.	Inconnue.	35.640.	13.	Octaëdre primitif rectangulaire à angles de 90° & 120°.	Ad change en émail blanc à un degré de feu très-violent.	Identique avec la Chrysolite de Saxe. Quelquefois blanche & sans couleur.	Dans les roches granitiques de Saxe & de Bohème.	Avec le Quarz & les Cristaux d'étain.
7. Chrysolite du II. Ordre.	Inconnue.	30.939.	10.	Prisme tétraëdre, ou isoloïde-oïde par la superposé de ses axes, terminé par deux pyramides à plans triangulaires.	Très-réfractaire. La fusion de son prisme se rend granitoïdale.	Chrysolite blanche. Chrysolite en grains.	En Espagne & en F mer dans les roches primitives, & dans les basaltes atlantiques.	Avec le Fold-Spath, le Quarz & le Mica.
1. Grenat.	Inconnue.	42.888.	12.	Dodécaèdre à plans rhombes de 70° & 110°.	Souvent attirable à l'aimant. Fusible sans addition.	Grenat blanc des volcans.	Dans les roches feuilletées primitives du second Ordre & souvent rejeté par les volcans.	Avec les substances primitives, & les antiques produits des volcans.
2. Tourmaline ou Schorl.	Inconnue.	30.547.	10.	Parallélépipède rhomboïdal tri-comprimé : angle du prisme 133°, pendant des bases 45°.	La plus électrique de toutes les pierres. Varie beaucoup dans sa forme, & très-longtemps en long prisme.	Le Péridot de Ceylan. L'Emeraude ou Péridot du Brésil. La Pierre de touche. Le Topaz des Suédois.	Dans les Granites & les roches feuilletées primitives de second Ordre & souvent rejetées par les volcans.	Avec les substances primitives, & les antiques produits des volcans.
Feld-Spath.	Inconnue.	24.312.	9.	Prisme tétraëdre rectangulaire ayant 2 plans parallèles faisant ses plans paralléloïdaux, inclinés sur le prisme de 95° ; angle obtus 135°.	Très terrestre, qui se rend chatoyant. Fusible sans addition. Entre-elle dans la brique : mais moins fusible que le quartz.	Pierre de Moscou en paillettes, dit à ou argent de chat. Pierre de Labrador.	Principale base du Granite. Disséminé dans les Porphyres & dans les roches feuilletées.	Avec la composition du Granite, les Talcs, les Stéatites : & dans les produits des anciens volcans.
Pierres Argileuses.								
1. Mica.	Inconnue.	29.542.	4.	Lame hexagone régulière. Angle 112°.	Se vitrifie à un feu violent, & corrode le creuset.	Pierre de Moscou en paillettes, dit or ou argent de chat.	Dans les roches granitiques du premier Ordre.	Avec les Grenats, Quarz, Schorl, Fold-Spath, &c.
2. Amiante.	Inconnue.		2.	Filets très-déliés, soyeux, flexibles & doux au toucher.	N'est incombustible qu'à un feu médiocre.	Liège ou Cuir de montagne. Asbeste.	Dans les roches primitives du second Ordre.	Avec les Schorls, le Cristal d'Islande, le Fer octaëdre.
3. Talc ou Stéatite.	Inconnue, à la magnésie près.			Même forme cristalline que le Mica.	Gras au toucher. Donne une teinte qui rougit le creuset.	Serpentine. Stéatite. Pierre Ollaire. Molybdène. Argiles primitives.	Dans les roches primitives de Les Grenats, le Schorl, le Fer octaëdre, le Cristal d'Islande, le Quarz, &c.	

APPENDICE

Pierres Composées.	§ I. Roches Mélangées, formées par Cristallisation.	A. Granites. B. Porphyres & Serpentines. C. Roches feuilletées granitoïdales. D. Roches primitives. Variolites. E. Marbres mélangés primitifs.	1. Constituent les Montagnes les plus anciennes. 2. ou du premier Ordre. 3. Constituent les Montagnes primitives du second Ordre, ou d'une formation fabriquée aux Granites & Porphyres.
	§ II. Roches Mélangées, formées par Transport ou par Infiltration.	A. Brèches siliceuses ou proprement dites. B. Marbres coquilliers, lumachelles. C. Brèches dures. D. Brèches mixtes. E. Brèches ou Cailloux roulés, Poudingues.	1. Font partie des Montagnes marines les plus anciennes. 2. 3. Font partie des Montagnes tertiaires.
	§ III. Roches Mélangées, formées par Dépôts non Cristallins.	A. Charbon de terre. B. Bols fossiles, Jayet, Succin. C. Argiles & Schistes argileux. D. Schistes marins & minéraux. E. Produits volcaniques.	(descriptions)

TABLEAU MINÉRALOGIQUE

OU DES SUBSTANCES MÉTALLIQUES, ET DEMI-MÉTALLIQUES,

Pour servir de suite à la Cristallographie de M. DE ROMÉ DELISLE, 1783.

	A.			B.			C.			D.	E.
NOMS des SUBSTANCES.	A L'ÉTAT MÉTALLIQUE ou DE RÉGULE.	PESANTEUR fpécifique.	FORME Cristalline.	EN MINE ANCIENNE Minéralifateurs, le Soufre ou l'Arfenic	FORME CRISTALLINE déterminée.	PLANCHES de la Cristallographie.	EN MINE SECONDAIRE Minéralifateurs, l'acide méphitique ou l'acide igné, & quelquefois l'acide marin, &c.	FORME CRISTALLINE déterminée.	PLANCHES de la Cristallographie.	A L'ÉTAT SALIN DISSOLUBLE DANS L'EAU.	EN MINE TERT ou DE TRANSPO
ARSENIC.	1. Régule d'arfenic natif ou artificiel.	83,08.	Octaèdre ou miximiforme.	1. Mine d'Arfenic blanche, ou Pyrite arfenicale. Miſpickel des Allemands. 2. Mine d'Arfenic grife, ou Pyrite d'Orpiment.	Prifme rhomboïdal. Inconnue.	Pl. VII, fig. 8. & 10.	4. Rubine d'arfenic ou Réalgar natif. 5. Orpiment ou Orpin natif.	Octaèdre rhomboïd. Lamelleufe.	Planche VII, fig. 11. & fuiv.	6. Arfenic blanc criftallin natif. Pulmonar ſpici figue, 50,21. Farine d'arfenic, 37,2.	N. B. On ne connoît point de tranfport particulières de fances femi-métalliques plaquée en mines & fer contenuss de la chaux...
ANTIMOINE.	1. Régule d'Antimoine artificiel. Le natif eft inconnu.	47,00.	Le Cube ou l'Octaèdre.	2. Mine d'Antimoine blanche ou arfenicale. 3. Mine d'Antimoine grife ou fulfureufe. 4. Mine d'Antimoine grife tenant argent.	Lamelleufe. Octaèdre rhomboïd. Liſon.	Pl. VII, fig. 13, Pl. VII, fig. 17.	5. Mine d'Antimoine en plumes. 6. Mine d'Antimoine rouge granuleufe, ou Kermès mineral natif.	Plumofe. Granuleufe.		7. Vitriol blanchâtre d'Antimoine. Defcript. méth. p. 271, nº. 41.	Les pefanteurs & durées fpéci... plaquée des mines métalliques... métalliques font encore à... c'eſt pourquoi il n'en eſt pas... dans ce Tableau. Enfin je... devoir y faire entrer plufieurs... métalliques de l'or par tranf... le PLATINE, le NICKEL & qui je regarde comme des ref... MANGANAISE, de la MOLY... de la TUNGSTÈNE, de la de STÉRÉITE, du BARO SATURNITE.
ZINC.	1. Régule de Zinc artificiel. Natif inconnu.	70,00.	L'Octaèdre en dendrites.	2. Blende ou Mine de Zinc fulfureufe.	Octaèdre & Tétraèdre.	Pl. III, fig. 1. & Pl. I, fig. 23.	3. Calamie, ou Pierre calaminaire. Mangane.fi. Sa pefanteur fpécifique eft de 68,50.	Octaèdre prifmatique. Prifme rhomboïdal.	Pl. III, fig. 57. Pl. VII, fig. 4.	5. Vitriol de Zinc. Sa forme eft un octaèdre rhomboïdal. Pl. V, fig. 50.	
BISMUTH.	1. Régule de Bifmuth natif ou artificiel.	97,00.	Le Cube ou l'Octaèdre.	2. Mine de Bifmuth arfenicale. 3. Mine de Bifmuth fulfureufe.	En dendrites. Lamelleufe & ftriée.		4. Mine de Bifmuth calciforme.	En maffe informe.	On a trouvé à Oriſ- puis peu fauvibro ou criftallifée dans la minière de Saxe.	Son vitriol natif eft inconnu.	
COBALT.	1. Régule de Cobalt artificiel. Natif inconnu.	60,00.	Le Cube ou l'Octaèdre.	2. Mine de Cobalt arfenicale. 3. Mine de Cobalt arfenico-fulfureufe. 4. Mine de Cobalt fulfureufe. 5. Kupfernickel.	Cube liffe. Cube ftrié. Inconnue. Inconnue.	Pl. II, fig. 1. Ibid. fig. 17.	6. Mine de Cobalt en efflorefcence ou fleurs de Cobalt.	Octaèdre rhomboïdal.	Pl. VII, fig. 33.	7. Vitriol de Cobalt & de Nickel. Pl. VII, fig. 34.	N. B. Les Kupfernickels des Heſſe & d'Allemont con donnent de l'or par l'analy...
MERCURE.	1. Vierge ou coulant, & revivifié du Cinabre.	135,93.	En dendrites par le froid.	2. Mine de Mercure fulfureufe, ou Cinabre natif.	Tétraèdre régulier.	Pl. I, fig. 1. & 36.	3. Mercure doux natif, ou mine de Mercure cornée. 4. Précipité perfé natif.	Prifmatique rhomboïdale. Maffe informe.	Pl. VII, fig. 35.	Son vitriol natif eft inconnu.	N. B. On trouve quelquefois cames natifs d'Or, d'Argen... Bifmuth.
FER.	1. Malléable natif & des fourneaux. 2. À l'état métallique non malléable, ou Éthiop martial natif.	77,80.	Le Cube ou l'Octaèdre. Tous les calibres.	3. Mine de fer grife ou fpéculaire. 4. Pyrite martiale ou Marcaffite. 5. Wolfram. Sa pefanteur fpécifique eft de 71, 19.	Cube modifié. Cube ou octaèdre. Inconnue.	Pl. II, fig. 34. Pl. II, fig. 1, 17, &c.	6. Mine de fer brune ou hépatique. 7. Hématite ou Sanguine. 8. Mine de fer fpathique.	Comme la Pyrite martiale. Fibreufe. Rhomboïdale.	Pl. II, fig. 1, 17. Pl. IV, fig. 1.	9. Vitriol martial. Sa forme eft un parallélipipède rhomboïdal. Pl. IV, fig. 11. Mine de fer en globule tranfport.	10. Ocre martiale.
CUIVRE.	1. Natif & des fourneaux.	87,84.	Le Cube ou l'Octaèdre en dendrites en cube.	2. Mine jaune de Cuivre. 3. Mine de Cuivre grife tenant argent. Fahlerz des Allemands.	Le Tétraèdre. Idem.	Pl. I, fig. 1. Ibid.	4. Mine de Cuivre vitreufe rouge. 5. Mine de Cuivre hépatique ou violette ourrée. 6. Azur de Cuivre.	L'Octaèdre aluminiforme. Inconnue. Octaèdre prifmatique.	Pl. III, fig. 1. Pl. IV, fig. 70. Pl. VII, fig. 1.	8. Vitriol de cuivre : parallélipipède rhomboïdal Pl. IV, fig. 70.	11. Bleu & vert de montagne Pierre Arménienne. Turquoife.

Pour servir de suite à la Cristallographie de M. DE ROMÉ DELISLE, 1783.

	A. À L'ÉTAT MÉTALLIQUE ou DE RÉGULE	PESANTEUR spécifique.	FORME Cristalline.	B. EN MINE ANCIENNE Minéralisateurs, le Soufre ou l'Arsenic.	FORME CRISTALLINE déterminée.	PLANCHES de la Cristallographie.	C. EN MINE SECONDAIRE Minéralisateurs, l'acide méphitique ou l'acide igné, & quelquefois l'une l'autre mexte, &c.	FORME CRISTALLINE déterminée.	PLANCHES de la Cristallographie.	D. À L'ÉTAT SALIN DISSOLUBLE DANS L'EAU.	E. EN MINE TERTIAIRE ou DE TRANSPORT.
ARSENIC	1. Régule d'arsenic natif ou artificiel.	83,08.	Octaèdre aluminiforme.	2. Mine d'Arsenic blanche, ou Pyrite arsenicale. Mispickel des Allemands. 3. Mine d'Arsenic grise, ou Pyrite d'Orpiment.	Prisme rhomboïdal. Inconnue.	Pl. VII, fig. 4 & 10.	4. Rubine d'arsenic ou Réalgar natif. 5. Orpiment ou Orpin natif.	Octaèdre rhomboïdal. Lamelleuse.	Planche VII, fig. 11. & suiv.	6. Arsenic blanc cristallin natif. Fumée d'arsenic,	N. B. On ne connoît point de mines de transport particulières dans les substances semi-métalliques ...
ANTIMOINE	1. Régule d'Antimoine artificiel. Le natif est inconnu.	47,00.	1: Cube ou l'Octaèdre.	2. Mine d'Antimoine blanche ou arsenicale. 3. Mine d'Antimoine grise ou sulfureuse. 4. Mine d'Antimoine grise tenant argent.	Lamelleuse. Octaèdre rhomboïdal. Idem.	Pl. VII, fig. Pl. VII, fig.	5. Mine d'Antimoine en plumes. 6. Mine d'Antimoine rouge granuleuse, ou Kermès minéral natif.	Florense. Granuleuse.		7. Vitriol saccharin d'Antimoine.	
ZINC	1. Régule de Zinc artificiel. Natif		L'Octaèdre.	2. Blende ou Mine de Zinc sulfureuse.	Octaèdre & Tétraèdre.	Pl. III, fig. 1.	3. Calamine ou Pierre calaminaire.	Octaèdre aluminiforme.		Son vitriol natif est inconnu.	N. B. On trouve quelquefois des amalgames natifs d'Or, d'Argent, ou de Bismuth.
MERCURE	1. Vierge ou coulant, & revivifié du Cinabre.	135,93.	En dendrites par le froid.	2. Mine de Mercure sulfureuse, ou Cinabre natif.	Tétraèdre régulier.	Pl. I, fig. 1 & 36.	4. Mercure doux natif, ou mine de Mercure corrosé. Précipité perse ß natif.	Prismatique rhomboïdale. Masse informe.	Pl. VII, fig. 35.	Son vitriol natif est inconnu.	
FER	1. Malléable natif & des fourneaux. 2. À l'état métallique non malléable, ou Éthiops martial natif.	77,80.	Le Cube ou l'Octaèdre. Toujours en groupe.	3. Mine de fer grise ou spéculaire. 4. Pyrite martiale ou Marcassite. 5. Wolfram. Sa pesanteur spécifique est de 71 . 19.	Cube modifié. Cube ou Octaèdre. Inconnue.	Pl. II, fig. 3 &... Pl. II, fig. 17. & suiv.	6. Mine de fer brune ou hépatique. 7. Hématite ou Sanguine. 8. Mine de fer spathique.	Comme la Pyrite martiale. Fibreuse. Rhomboïdale.	Pl. II, fig. 1, 17. Pl. IV, fig. 1.	9. Vitriol martial. Sa forme est un parallélipipède rhomboïdal. Pl. IV, fig. 70.	10. Ocre martiale. 11. Mine de fer en globules ou de transport.
CUIVRE	1. Natif & des fourneaux.	87,84.	Le Cube ou l'Octaèdre en dendrites.	2. Mine jaune de Cuivre. 3. Mine de Cuivre grise tenant argent. Fahlerz des Allemands.	Le Tétraèdre. Idem.	Pl. I, fig. Ibid.	4. Mine de Cuivre vitreuse rouge. 5. Mine de Cuivre hépatique ou violente azurée. 6. Azur de Cuivre. 7. Malachite.	L'Octaèdre aluminiforme inconnue. Octaèdre prismatique. Filamenteuse.	Pl. III, fig. Pl. VII, fig. 1.	8. Vitriol de cuivre; parallélipipède rhomboïdal Pl. IV, fig. 70.	9. Bleu & vert de montagne. Pierre Arménienne. Turquoise.
PLOMB	1. Natif des fourneaux. (L'existence du plomb natif est encore douteuse).	113,25.	L'Octaèdre en dendrites.	2. Galène ou mine de plomb sulfureuse.	Le Cube & l'Octaèdre aluminiformes.	Pl. II & III, fig. 1.	3. Mine de plomb blanche. 4. — Verte. 5. — Rouge. 6. — Noire.	Prismatique hexaèdre. Rhomboïdale. Prisme hexaèdre.	Pl. VI, fig. 46. Pl. VII, 33. Pl. IV, fig. 18.	Son vitriol natif est inconnu.	- Mine de Plomb terreuse. Galène de transport; Cinose, Massicot & Minium natifs.
ÉTAIN	1. Natif & des fourneaux.	74,71.	L'Octaèdre en dendrites.	2. Cristaux d'étain blancs. — Rouges ou noirs.	Octaèdre aluminiforme. Octaèdre tétraèdre.	Pl. III, fig. Ibid. fig. 35.	5. Mine d'Étain mamelonnée ou en cristallisées; Hématites d'étain.	Fibreuse.		N. B. On ne connoît point d'étain minéralisé par le soufre, ni par l'arsenic.	- Sable d'Étain.
ARGENT	1. Natif & des fourneaux.	104,74.	Le Cube ou l'Octaèdre.	2. Mine d'argent vitreuse. 3. Mine d'argent rouge. 4. Mine d'argent blanche antimoniale.	Cube ou Octaèdre. Rhomboïdale. Prismatique.	Pl. II & III, fig. 1. Pl. VII, fig. 26. Pl. IV, fig. 18.	5. Mine d'Argent cornée ou Luna cornée native. 6. Mine d'Argent noire.	Le Cube.	Pl. II, fig. 1.	N. B. Je ne place point la Platine dans ce Tableau, parce que son état naturel nous est encore inconnu.	Gargues terreuses ou plamoides tenant argent.
OR	1. Natif & de Coupelle.	193,58.	L'Octaèdre en dendrites.	2. Mine d'or sulfureuse ou Pyrite aurifère.	Le Cube lisse ou strié.	Pl. II, fig. & 17.	3. On ne connoît point d'or en mine secondaire.				- Terres & Sables aurifères.

www.ingramcontent.com/pod-product-compliance
Lightning Source LLC
Chambersburg PA
CBHW050604210326

41521CB00008B/1110